序

AI 人工智慧時代來臨，全球商業科技人才需選用正確工具，才能迎向新的機會與挑戰!筆者從事稽核與商業數據分析相關工作超過 20 年，深刻體驗到傳統稽核作業必須改變，從事後檢討走向事前預警或預測，藉助 AI 人工智慧，讓稽核作業更加進步，方能靈活應對當今的複雜商業環境，創造出策略性價值，這就是所謂的智能稽核。要達到這目標，在技術上稽核人員不僅要學習對結構化資料進行分析，也學習大量非結構化資料分析技術。

JCAATs 為 AI 語言 Python 所開發的新一代稽核軟體，可同時於 PC 或 MAC 環境執行，除具備傳統電腦輔助稽核工具(CAATs)的數據分析功能外，更包含許多人工智慧功能，如文字探勘、機器學習、資料爬蟲等，讓稽核分析可以更加智慧化。 透過 AI 稽核軟體 JCAATs，可分析大量資料，其開放式資料架構，可與多種資料庫、雲端資料源、不同檔案類型及 ACL 稽核軟體介接，讓稽核資料的收集與融合更方便與快速，繁體中文與視覺化的使用者介面，讓不熟悉 Python 語言的稽核人員也可以透過此介面的簡易操作，輕鬆快速產出 Python 稽核程式，並可與廣大免費之開源 Python 程式資源整合，讓您的稽核程式具備擴充性和開放性，不再被少數軟體所限制。

本教材以運用大數據分析、文字探勘與機器學習等最新資訊科技技術在稽核應用為題，透過稽核實務案例進行演練，帶領讀者了解何謂數據分析與智能稽核及後續發展，透過 JCAATs- AI 稽核工具內建之資料融合技術與 OPEN DATA 連結器，讓稽核人員可以快速地學習如何取得異質性資料來進行稽核作業，提升工作效果與效率。教材中提供完整實例練習資料，可透過 AI 稽核軟體 JCAATs 上機演練，充分體驗最新智能稽核的實踐方式，歡迎會計師、稽核、法遵、風控、資安、各階管理者、大專院校師生等有資料分析需求者，共同學習與交流。

JACKSOFT 傑克商業自動化股份有限公司
黃秀鳳總經理
2023/01/15

讀者指南

對於教師

AI 人工智慧時代來臨，全球商業科技人才的教育面臨新的挑戰，如何讓商管學院學生善用 AI 工具來發揮其專業價值，是當前商管教育面臨的一大挑戰。ICAEA 國際稽核教育協會認為商管學院學生和理工學院學生在培育 AI 程式設計人才的模式應不同，其推薦應由 No Code 開始，即在「不需寫任何程式碼」情況下，可以開發出稽核應用程式，解決實務問題，來發揮其專業價值；接著再訓練其有能力可以 Read Code，即是「可以讀懂程式碼的邏輯」；接著才進行 Write Code 的訓練，讓其有辦法開始開發 AI 應用程式碼。如此可以快速的協助商管學院學生快速進入新的數據分析或智慧稽核的作業環境，未來才有能力和 AI 稽核機器人一起工作。

本書設計 JCAATs AI 稽核軟體標準課程章節，讓學習者能夠應用課程中所學，以循序漸進之方式，培養其大數據資料分析、文字探勘與機器學習等技術能力，讓其可以將這些技術使用於商業數據數據與稽核應用內，讓其具備職場所需的相關智能稽核的知識與應用能力。

- 本書提供強而有力的智能稽核知識體系，課程之設計與段落涵蓋使用概念、基礎應用、課堂練習與習題等，使您可以輕鬆規劃教學進度。

- 本書中加入擬真的稽核獨立個案演練，使您可以將課程內容立即應用於商業環境，培育學生找出問題與解決問題能力。

- 本書提供教師各稽核指令的操作講義，使您 No Code 的教學可以更貼近實務。

- 本書提供有試用之教育版軟體，提供中文版操作介面，學生可以安裝於其個人電腦上進行操作演練學習。

- JCAATs 為 Python Based 的 AI 稽核輔助軟體，使您再進階教學的 Read Code 與 Write Code 可以更輕鬆與更多外部資源。

- 本書提供教學資源網站（稽核自動化知識網 http://www.acl.com.tw），提供您最新的智能稽核新知、稽核指令操作線上課程、演練資料庫與模擬試題練習。

對於學生

　　沒有人能否認一個組織或企業的經營績效表現，取決於良好的內部控管。學習、了解電腦稽核軟體在電腦系統查核工作上的運用，並且可以有效的使用工具，是各位進入電腦稽核領域最初的階段，電腦稽核可以讓您在科技的發展與建立資料分析能力做最佳的結合。

◆ 本書提供有試用之教育版軟體，提供中文版操作介面， 學生可以安裝於其個人電腦上進行操作演練學習，增加自我學習的機會。

◆ 本書內容包含擬真的稽核獨立個案演練而非只是理論的知識傳授，使您可以將課程內容與實務更快速的結合，學習更有趣。

◆ JCAATs 為 Python Based 的 AI 稽核輔助軟體，使您讓要更進階學習相關程式碼，可以更輕鬆的取得更多的外部資源。

◆ 本書提供教學資源網站（稽核自動化知識網 http://www.acl.com.tw），提供提供您最新的智能稽核新知、稽核指令操作線上課程、演練資料庫與模擬試題練習。

關於 JACKSOFT 稽核自動化知識網

　　稽核自動化知識網是由 96 年度經濟部協助服務業研發發展輔導計畫業者創新研發計畫補助成果，為目前最大的華人稽核知識網，本著稽核人員需要有豐富的電腦稽核知識與技術工具，協助完成稽核任務，而透過知識網的分享機制可以協助稽核人員學習進行自動化稽核作業，以符合稽核人員的未來發展。

JACKSOFT 稽核自動化知識網首頁圖

習題資料檔

　　讀者可以掃描下圖 QR Code，直接連結到本書的教學資源網，查看本書資訊，並提供習題資料檔下載與申請試用之教育版軟體。

AI 稽核教育學院-線上學習網習題資料下載

CAATs（電腦輔助稽核技術）專業證照

　　稽核人員個人專業上最常使用的電腦軟體稱為電腦稽核軟體，亦稱之為電腦輔助稽核技術工具(CAATs)。 這些專業的電腦輔助稽核軟體通常是針對稽核人員查核工作應用上所設計，他們是獨立於企業的資訊系統外，並會以**唯讀的方式**使用該企業資訊系統的資料，以避免過程中誤改證據資料的**審計風險與保持稽核的獨立性**。取得 CAATs 專業證照已成為全球公認要從事新時代稽核工作的第一步。目前的專業認證制度包含有：

◆ JCCP 電腦稽核軟體應用師：電腦稽核軟體應用師（Jacksoft Certified CATTs Practitioner，JCCP）認證制度主要目的是為了提供評估應用 CAATs 的知識與技術能力的產業界標準。通過此項認證，將可評估使用 CAATs 進行電腦稽核、財會資料分析和業務流程分析的能力，進而證明所擁有的高階管理技術能力，使企業對工具設備的投資發揮最大的效益。本書為 JCCP 電腦稽核軟體應用師認證考試的指定用書，此證照為目前國內唯一通過經濟部「企業電子化應用類人才能力鑑定證書」。

◆ ICCP 國際電腦稽核軟體應用師：國際電腦稽核軟體應用師（International Certified CAATs Practitioner）為 ICAEA（International Computer Auditing Education Association，ICAEA）認證制度的初級認證，主要目的是為了提供一個評估使用電腦輔助稽核技術能力與專業知識的產業界標準。目前提供的認證考試使用的 CAATs 軟體包含有 ACL、IDEA、JCAATs 等。取得 JCCP 專業證照者，可以透過修讀一定時數的 ICAEA 認證課程進行換照，或是直接參與 ICCP 認證考試來取得此專業證照。

◆ CEAP ERP 電腦稽核師：企業資源規劃系統電腦稽核師（Certified ERP Auditing Professional，CEAP）為 ICAEA 認證制度的進階認證，是由 ICAEA 所舉辦的一個證照考試，其目標即是提供評估稽核人員查核 ERP 系統的技術能力與專業知識的標準。

JCCP 考試方式

考試全程不准翻書（Closebook），共需進行 120 分鐘的線上或書面測驗時間，最低及格標準為 70 分，考試內容含：

1. 選擇題，佔總分 60 分－
   測驗對 CAATs 電腦輔助稽核工具的運用知識及 JCAATs 的稽核指令的基本概念。

2. 實例操作，佔總分 40 分－
   在電腦教室進行機上測驗，一人一機，考前每部電腦會預先安裝 JCAATs 軟體與測驗用資料檔和試題，評分的方式是依據你填寫的答案及規劃流程來評分。

目錄

第一章

資料分析 與智能稽核概論

Python Based 人工智慧稽核軟體

AI Audit Software
人工智慧新稽核

傑克商業自動化股份有限公司

JACKSOFT為經濟部能量登錄電腦稽核與GRC(治理、風險管理與法規遵循)專業輔導機構,服務品質有保障

國際電腦稽核教育協會認證課程

第一章
資料分析與
智能稽核概論

企業管理新思維--穿越危機而永續發展

前進性的策略 PROGRESSIVE
(Achieving results)

一致性
CONSISTENCY
(Goals,
processes,
routines)

韌性

靈活性
FLEXIBILITY
(Ideas,
views,
actions)

- 效率最佳化
- 接受創新
- 預防性控制
- 正念行動

防禦性的策略 DEFENSIVE
(Protecting results)

Resilience

資料來源: David Denyer, *Cranfield University*

3

傳統稽核方式只能找到冰山一角

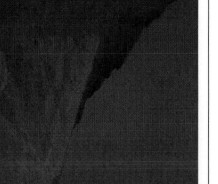

> 如何事先偵測冰山下的風險?
> AI人工智慧新稽核時代來臨,透過預測性稽核才能有效協助組織提升風險評估能力

4

新冠病毒(COVID-19)審計工作的改變--遠端審計

疫情難平 會計師若無法赴陸審計 金管會准許視訊查核年報

疫情衝擊財報公告,金管會:會計師可採替代方案

作者 中央社 | 發布日期 2020 年 02 月 26 日 11:30 | 分類 人力資源,財經

金融監督管理委員會證期局局長蔡○玲 25 日表示,因應武漢肺炎事件,對於會計師事務所無法派員赴中國地區執行審計工作,可能影響上市櫃公司公告申報 108 年度財報,金管會已研擬相關處理方案,上市櫃公司應注意財報公告申報期限及落實資訊公開。

蔡○玲表示,對於會計師無法赴中國地區執行審計工作,以致無法檢查原始文件、參與資產盤點,或因中國地區的復工情況不確定,導致無法如期完成函證程序等情況,金管會已規範會計師得採行的替代查核程序,並函知簽證上市櫃公司財報的會計師事務所。

蔡○玲說明,所謂替代查核程序,舉凡像是以視訊方式盤點資產,或以電子郵件原始憑證方式,確認真實性;或是可函證中國當地會計師協助等,來完成查核工作。蔡○玲表示,會計師雖可採行替代查核程序,但仍應依個案實際情況及風險評估結果,以設計及執行替代查核程序,並出具適當的查核報告。

如上市櫃公司仍無法如期公告申報今年度財務報告,證期局表示,公司應經董事會通過延期申請相關事項,包括預計展延期限、具體辦理時程(須會計師表示合理性意見),以及 108 年度目結合併資產負債表、合併綜合損益表、合併權益變動表及合併現金流量表等,並檢附相關文件,在 3 月 27 日前向金管會申請核准。

證期局提醒,上市櫃公司對於展延 108 年度財報公告申報相關事項,也應依證交所及櫃買中心重大訊息規定,在公開資訊觀測站發布相關說明,以利投資人了解。

武漢肺炎疫情延燒,影響上市櫃公司財報申報期限。金管會 25 日宣布,會計師事務所可採替代查國查核問題,公司若仍無法如期提出財報,須在 3 月 27 日前申請核准展延。

(作者:劉煜呈;首圖來源:shutterstock)

參考資料來源: 鉅亨網, 中央社

稽核人員的使用工具的變革

1980 前	算盤
1980~1990	計算機
1990~2000	試算表(Excel)或會計資訊系統
2000~2005	管理資訊系統(MIS)與企業資源規劃(ERP)系統
2005~2010	電腦稽核系統 (CAATs)
2010~2015	持續性稽核系統、內控自評系統與年度稽核計畫系統
2015~2018	雲端審計與風險與法遵管理系統(GRC)
2018~	AI人工智慧、雲端大數據與法遵科技
2022~	AI文字探勘

紙本資料 ➔ 數據結構資料 ➔ 文字非結構化資料

【全文】假帳曝光！康〇KY害投資人損失47億　勤
業眾信遭法院裁定假扣押

挑週刊Mirror Media
2022年02月20日

康〇掏空案 勤業及2會計師一審判賠逾26億

工商時報王淑以、鄭郁平、傅沁怡 2023.04.25

仿制

獲台
公司
保中
鉅額
友每

投保中心控告康〇-KY賠償53.40億元台北地方法院民事判決一審確定。圖／本報資料照片

投保控告康〇-KY案 創史上金額最大

曾經風光一時的生技股后康〇-KY，爆發掏空假帳無量慘跌公司，近來派人赴中國取得康〇子公司六安華源帳冊，驚覺六安工，還積欠銀行及民間債主大筆爛債，顯見康〇從一開始來保中心出面替小股東求償，獲法院裁定假扣押勤業眾信聯合元，創下司法史上最高金額記錄。

投保中心控告康〇-KY賠償53.40億元台北地方法院民事判決一審確定，被告康〇-KY、黃〇烈、衣〇福、黃〇婁、TEE〇ONG HONG、章〇鑫、蔡〇梅應連帶給付賠償金額，其中勤〇眾信事務所及兩名會計師施〇彬、江〇南各應負擔25％的比例責任，約26.7億元，若施〇彬、江〇南無法賠償，勤〇眾信事務所則需有連帶賠償責任。

資料來源:鏡周刊https://style.yahoo.com.tw

資料來源:工商時報王淑以、鄭郁平、傅沁怡 2023.04.25

7

 # Tough questions I had to ask

審計人員關注的問題?

審計人員正在被自動化
取代

傳統的審計人員正在向過時報廢，
大多數人甚至沒有意識到這一點

參考資料來源: Galvanize, Death of the tick mark

8

The origin of the tick mark

傳統打勾式的
傻瓜查核已經
難以符合利害
關係人期望的
價值創造！

參考資料來源: Galvanize, Death of the tick mark

9

能夠提升稽核價值的技術包括：

1.數據分析與AI人工智慧

2.行動化審計工具應用

3.持續審計/監控

4.即時，自動化，與確信相關的報告。

參考資料來源: Galvanize, Death of the tick mark

10

Audit Data Analytic Activities

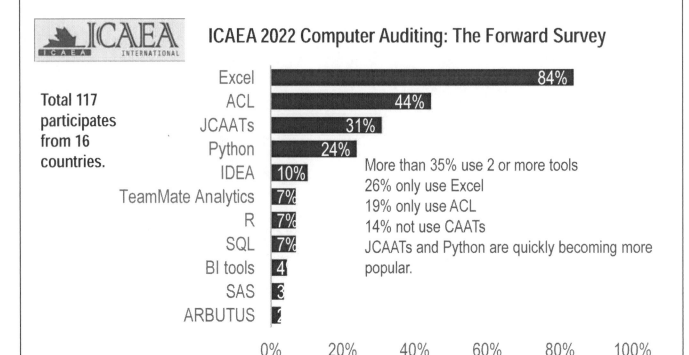

ICAEA 2022 Computer Auditing: The Forward Survey

Total 117 participates from 16 countries.

Tool	%
Excel	84%
ACL	44%
JCAATs	31%
Python	24%
IDEA	10%
TeamMate Analytics	7%
R	7%
SQL	7%
BI tools	4
SAS	3
ARBUTUS	2

More than 35% use 2 or more tools
26% only use Excel
19% only use ACL
14% not use CAATs
JCAATs and Python are quickly becoming more popular.

11

IIA國際年會調查結果--稽核未來發展

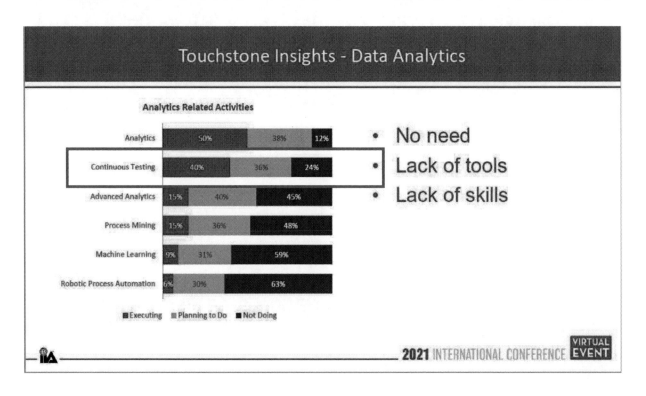

Touchstone Insights - Data Analytics

Analytics Related Activities

Activity	Executing	Planning to Do	Not Doing
Analytics	50%	38%	12%
Continuous Testing	40%	36%	24%
Advanced Analytics	15%	40%	45%
Process Mining	15%	36%	48%
Machine Learning	9%	31%	59%
Robotic Process Automation	6%	30%	63%

■ Executing ■ Planning to Do ■ Not Doing

- No need
- Lack of tools
- Lack of skills

2021 INTERNATIONAL CONFERENCE VIRTUAL EVENT

資料來源:2021.06 Internal Audit Department of Tomorrow, Phil Leiermann and Shagen Ganason

12

電腦輔助稽核技術(CAATs)

- 稽核人員角度所設計的通用稽核軟體，有別於以資訊或統計背景所開發的軟體，以資料為基礎的Critical Thinking(批判式思考)，強調分析方法論而非僅工具使用技巧。

- 適用不同來源與各種資料格式之檔案匯入或系統資料庫連結，其特色是強調有科學依據的抽樣、資料勾稽與比對、檔案合併、日期計算、資料轉換與分析，快速協助找出異常。

- 由傳統大數據分析 往 AI人工智慧智能分析發展。

C++語言開發
付費軟體
Diligent Ltd.

以VB語言開發
付費軟體
CaseWare Ltd.

以Python語言開發
免費軟體
美國楊百翰大學

JCAATs-
AI稽核軟體
--Python Based

13

JCAATs 1.0：2017 London, UK

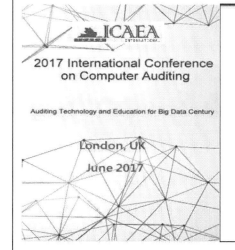

14

JCAATs 3-超過百家使用口碑肯定

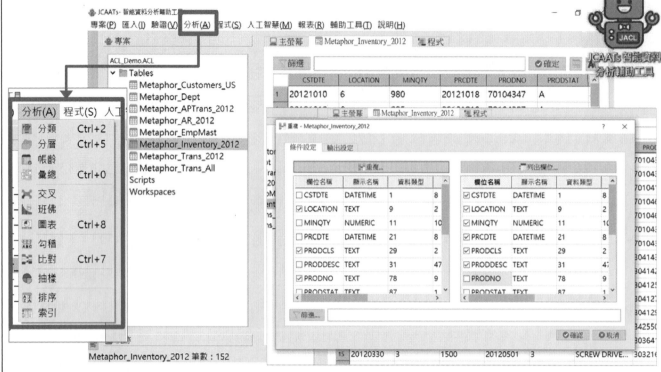

提供繁體中文與視覺化使用者介面，更多的人工智慧功能、更多的文字分析功能、更強的圖形分析顯示功能。目前JCAATs 可以讀入 ACL專案顯示在系統畫面上，進行相關稽核分析，使用最新的JACL 語言來執行，亦可以將專案存入ACL，讓原本ACL 使用這些資料表來進行稽核分析。　15

　　JCAATs為 AI 語言 Python 所開發新一代稽核軟體，遵循AICPA稽核資料標準，具備傳統電腦輔助稽核工具(CAATs)的**數據分析功能**外，更包含許多人工智慧功能，如**文字探勘、機器學習、資料爬蟲**等，讓稽核分析更加智慧化，提升稽核洞察力。

　　JCAATs功能強大且易於操作 ，可分析大量資料，開放式資料架構，可與**多種資料庫、雲端資料源、不同檔案類型**及 ACL 軟體**介接**，讓稽核資料收集與融合更方便與快速。繁體中文與視覺化使用者介面，不熟悉 Python 語言的稽核或法遵人員也可透過介面簡易操作，輕鬆產出 Python 稽核程式，並可與廣大免費之開源Python 程式資源整合，讓稽核程式具備擴充性和開放性，不再被少數軟體所限制。

16

JCAATs 人工智慧新稽核

Through JCAATs Enhance your insight
Realize all your auditing dreams

繁體中文與視覺化的使用者介面

Run both on Mac and Windows OS

JCAATs

Modern Tools for Modern Time

17

JCAATs AI人工智慧功能

機器學習 & 人工智慧

| 離群分析 | 集群分析 | 學習 | 預測 | 趨勢分析 |

多檔案一次匯入　　　　　　　　模糊比對

ODBC資料庫介接　　資　　　　　模糊重複

OPEN DATA 爬蟲　　料　JCAATs　文　關鍵字

雲端服務連結器　　融　　　　字　文字雲

SAP ERP　　　　　合　　　　勘　情緒分析

| 視覺化分析 | 資料驗證 | 勾稽比對 | 分析性複核 | 數據分析 |

大數據分析

*JACKSOFT為經濟部技術服務能量登錄AI人工智慧專業訓練機構
*JCAATs軟體並通過AI4人工智慧行業應用內部稽核與作業風險評估項目審核

18

智慧化海量資料融合

人工智慧文字探勘功能

稽核機器人自動化功能

人工智慧機器學習功能

JCAATs特點--智慧化海量資料融合

- JCAATS 具備有人工智慧自動偵測資料檔案編碼的能力，讓你可以輕鬆地匯入不同語言的檔案，而不再為電腦技術性編碼問題而煩惱。

- 除傳統資料類型檔案外，JCAATS可以**整批匯入**雲端時代常見的PDF、ODS、JSON、XML等檔類型資料，並可以輕鬆和 ACL 軟體交互分享資料。

JCAATs特點--人工智慧文字探勘功能

- 提供可以自訂專業字典、停用詞與情緒詞的功能，讓您可以依不同的查核目標來自訂詞庫組，增加分析的準確性，**快速又方便的達到文字智能探勘稽核的目標。**

- 包含多種文字探勘模式如**關鍵字、文字雲、情緒分析**、模糊重複、模糊比對等，透過文字斷詞技術、文字接近度、TF-IDF 技術，可對多種不同語言進行文本探勘。

21

稽核機器人自動化功能

- JCAATs讓您可以透過資料匯入介面，輕鬆完成 RPA 資料匯入程式，讓資料匯入不再是負擔。

- JCAATs Script 可以封裝成為稽核自動化機器人，在 JTK 持續性稽核平台上 7/24 持續性的運作，強化持續性監控與稽核能力，自動產出稽核績效儀表板，提升稽核部門電腦稽核成熟度快速達到 Level 3 以上的等級。

22

人工智慧機器學習功能

- 提供最適化與個別化學習策略，可以自訂學習歷程，讓初學者或專家都可以輕鬆進行智能稽核作業。

- 提供多項機器學習成果分析報表與混沌矩陣，讓機器學習後的結果有更高的解釋性與確信性。

- 包含多種不同機器學習模式如邏輯回歸、決策樹、支援向量機、隨機森林、K近鄰、異常值分析、集群分析等，可進行多元分類。

JCAATs 內建機器學習指令
協助稽核解決常見問題

無須外掛機器學習演算法
直覺與簡單

多種機器學習算法

操作簡單與直接

同時提供用戶決策
或系統決策模式

多元分類能力

用戶可自行設定
學習路線

視覺化混淆矩陣

SOMTE機制解決
不對稱資料問題

白箱式作業學習
結果具備解釋力，
預測結果容易溝通

多種評估報告

JCAATs

機器學習(Machine Learning)

➢ 由於人工智慧技術的快速發展,相關的技術也開始被應用於稽核領域。機器學習是人工智慧技術重要的發展,透過機器學習的不同演算法的應用,稽核人員可以開始對所取得的資料進行智慧化分析,而非傳統的規則式分析。

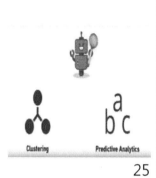

➢ Python已成為最普遍的機器學習語言,並獲AICPA(美國會計師公會)大力推荐為稽核的工具, JCAATs是以Python-Based的AI世代通用稽核軟體,其創新發展與適用於稽核人員的使用介面,讓稽核人員可以快速地進入到人工智慧工作的新環境,和新時代的工作環境快速接軌。

25

使用Python-Based軟體優點

- 運作快速
- 簡單易學
- 開源免費
- 巨大免費程式庫
- 眾多學習資源
- 具備擴充性

26

Python

- 是一種廣泛使用的直譯式、進階和通用的程式語言。Python支援多種程式設計範式，包括函數式、指令式、結構化、物件導向和反射式程式。它擁有動態型別系統和垃圾回收功能，能夠自動管理記憶體使用，並且其本身擁有一個巨大而廣泛的標準庫。

- Python 語言由Python 軟體基金會 (Python Software Foundation) 所開發與維護，使用OSI-approved open source license 開放程式碼授權，因此可以免費使用

- https://www.python.org/

27

Python

- 美國 Top 10 Computer Science (電腦科學)系所中便有 8 所採用 Python 作為入門語言。
- 通用型的程式語言
- 相較於其他程式語言，可閱讀性較高，也較為簡潔
- 發展已經一段時間，資源豐富
    - 很多程式設計者提供了自行開發的 library (函式庫)，絕大部分都是開放原始碼，使得 Python 快速發展並廣泛使用在各個領域內。
    - **各種已經寫好的機器學習範本程式很多**
    - 許多資訊人或資料科學家使用，有問題也較好尋求答案

28

AI人工智慧新稽核生態系

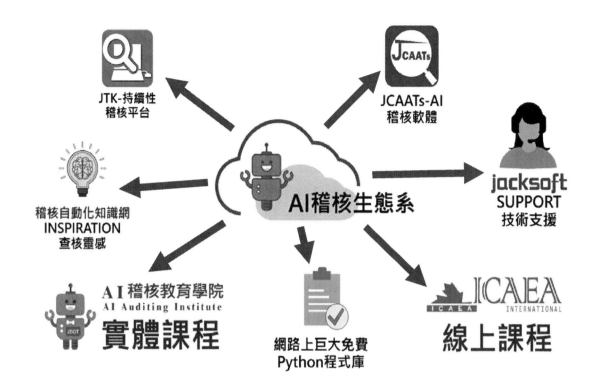

JCAATs AI稽核軟體線上學習資源

https://www.icaea.net/English/Training/CAATs_Courses_Free_JCAATs.php

Auditors Use Python

Audit Data Standard and Audit Data Analytics Working Group

Upgrade the Financial Statement Audit using Audit Data Analytics

I. Introduction

This document is part of a series of instructional papers meant to illustrate how the AICPA's Audit Data Standards (ADS) facilitate the use of data analytics in the financial statement audit. This paper focuses on a popular open-source programming language, Python, and how it can be used to perform certain financial statement audit procedures. More specifically, this paper will help users gain an understanding of how to use Python to do the following:

- Convert a trial balance and general ledger data set to the standardized ADS format
- Develop automated, repeatable routines to analyze the ADS standardized data set
- View, analyze, and document code and results

For further guidance, this paper can be used in conjunction with the micro learning session video "Upgrade the Financial Statement Audit with Python." To view additional micro learning session videos related to this subject matter please visit the AICPA's Audit Data Standards website.

Python源於1991年，因為開放原始碼與各種不同用途的函示庫，使其能夠用於各種系統與環境，且那簡單編碼風格使其成為開始學習程式的首選語言。

正因為Python的可靠性與多功能性，許多公司將Python當作財務審計軟體來使用。

在審計財務報表方面，Python可以加載數據，經過分析後再將資料萃取出來，最終也能將資料可視化。

31

AICPA美國會計師公會稽核資料標準

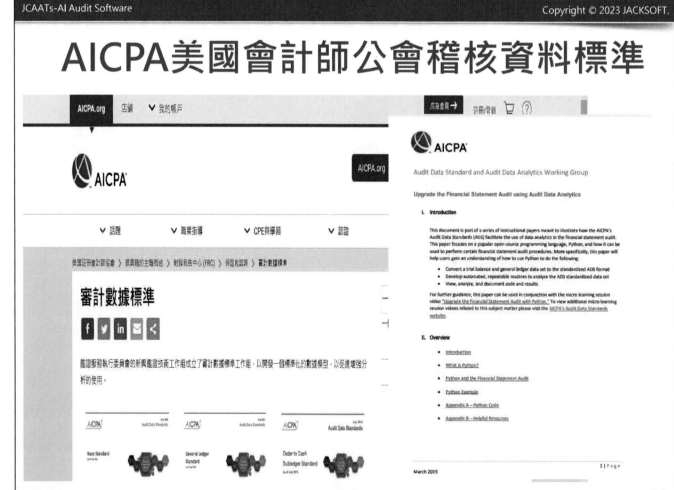

資料來源:https://us.aicpa.org/interestareas/frc/assuranceadvisoryservices/auditdatastandards

32

AICPA 與ICAEA 均提供許多課程

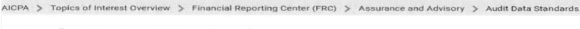

| ﹀ Topics | ﹀ Career Guidance | ﹀ CPE & Learning | ﹀ Certifications |

AICPA > Topics of Interest Overview > Financial Reporting Center (FRC) > Assurance and Advisory > Audit Data Standards

Audit Data Standards

The Assurance Services Executive Committee's Emerging Assurance Technologies Task Force established the Audit Data Standard working group to develop a standardized data model that facilitates the use of enhanced analytics.

Audit Data Standards and the Financial Statement Audit

This video discusses the Audit Data Standards and some of the other projects and initiatives going on in the area of Audit Data Analytics.

Upgrade the Financial Statement Audit with Audit Data Analytics

This video illustrates how Python, an open source programming language, can be used to apply the AICPA's Audit Data Standard formatting to a data set, and how to

---

AICPA 提供測試 SAP 資料 的Python範例程式

Figure 2 – Loading SAP Test Data Set (Trial Balance and General Ledger fields only) Into Jupyter

This is a jupyter notebook, running Python 3.6.

We will use this notebook to import GL / TB demo data, perform some reconciliations, and then perform a few audit procedures.

Upgrade Pandas library to latest version

In [30]: `!pip install pandas -q --upgrade`

Load libraries

In [1]: `import pandas as pd`

In [2]: `pd.options.display.float_format = '{:,.2f}'.format`

Location of gl and tb files

In [3]: `tb = 'data/GLT0_0001_GL account master record transaction figures.xlsx'`

In [4]: `gl = 'data/BSEG_0001_Accounting Document Segment.xlsx'`

Pull TB data into Dataframe

In [23]: `tb_df = pd.read_excel(tb, sheet_name=0)`

AI智慧化審計流程

萃取前後資料

目標 >準則>風險

>頻率>資料需求

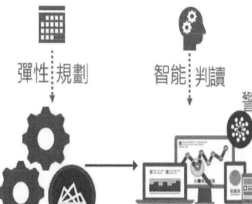

彈性 規劃

智能 判讀

警示利害關係人

利用CAATs自動化排除操作性的瓶頸
利用機器學習 智能判斷預測風險

連接不同
資料來源

缺失偵測　　　威脅偵查

35

AI 人工智慧稽核新時代

現狀：以人為中心的手工流程

未來狀態：人類和機器人綜合過程

JBOTs

act J-CAATs

python

36

結合數位轉型資料分析趨勢

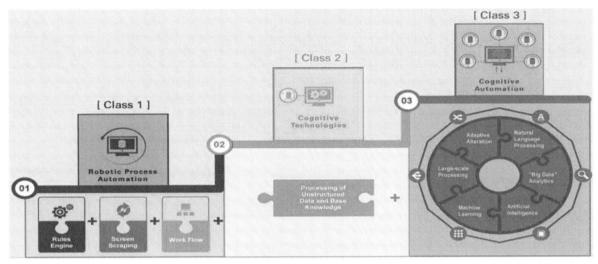

機器人流程自動化
(Robotic Process
Automation, **RPA**)

大數據分析
(Big Data Analytics)
視覺化分析
(Visual Analytics)

機器學習(Machine Learning)
自然語言處理(NLP)
人工智慧(AI)

ICAEA國際電腦稽核教育協會

ICAEA(International Computer Auditing Education Association)
國際電腦稽核教育協會 ，總部設於**電腦稽核軟體發源地-加拿大溫哥華地區**的
非營利性的國際組織。

ICAEA國際電腦稽核教育協會是最早以強化財會領域背景人士資訊科技職能的
專業發展教育協會, 其提供一系列以實務為導向的課程與專業證照, 讓學員可以
有效提升其data sharing, data analytics, data mining, data reporting and
storage within and across organizations 的能力。

電腦稽核軟體應用學習Road Map

資安科技　　　　　　永續發展　　　　　　稽核法遵

國際網際網路稽核師　國際資料庫電腦稽核師　國際ESG電腦稽核師　國際ERP電腦稽核師　國際鑑識會計稽核師

國際電腦稽核軟體應用師

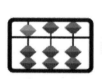   

39

Who Use CAATs進行資料分析?

- 內外部稽核人員、財務管理者、舞弊檢查者/鑑識會計師、法令遵循主管、控制專家、高階管理階層..
- 從傳統之稽核延伸到財務、業務、企劃等營運管理
- 增加在交易層次控管測試的頻率

電信業	流通業	製造業
金融業	醫療業	服務業

40

持續性稽核及持續性監控管理架構

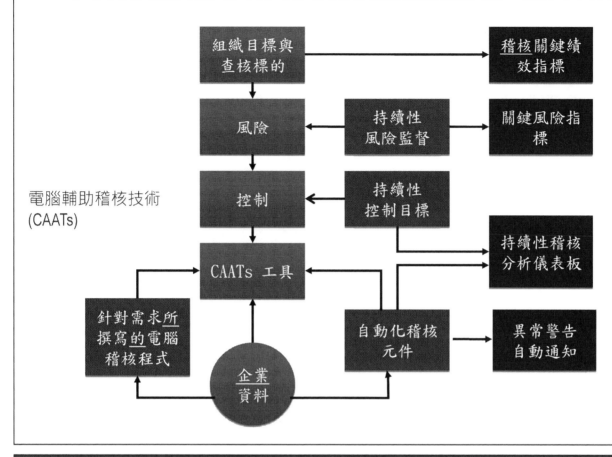

電腦輔助稽核技術
(CAATs)

41

機器學習技術讓事前審計
成為可能

42

電腦稽核十大必查重點

Analytic Name	Analytic Description	Business Process
1. Duplicate Payments - Same Vendor, Same Amount, Different Invoice #	To ensure payment validity by identifying duplicate payments to the same vendor. During the Investigation Period, identify Payments created to the same Vendor ID with the same amount, but having a different Invoice Number.	Purchase-to-Payment
2. Employee / Vendor Match - Address	To ensure employees are not also listed as vendors (Employee Vendor Match – Home Address). Identify Invoices included in the payables transaction file where Employee Addresses match addresses in the vendor master file.	Purchase-to-Payment
3. Vendor Data Completeness Test	To ensure Vendor records do not contain missing/empty fields in key criteria fields. Examples include: Tax ID, Payment Method, Classification, Currency Code, Posting/Purchasing block.	Purchase-to-Payment
4. Split Purchase Orders	To ensure PO authorization by identifying split POs designed to circumvent purchase authorization guidelines. Identify POs with the same purchaser/buyer, same vendor for amounts greater than the authorized limit within a specified number of days.	Purchase-to-Payment
5. Split Transactions	The objective of this analytic is to detect employees charging the credit card more than once to circumvent the spending limits. The analytic is designed to identify split charges, based on following test: Same employee, Same merchant, same date.	Travel & Entertainment

43

電腦稽核十大必查重點

Analytic Name	Analytic Description	Business Process
6. Excessive Claims - Expense Type	To ensure all transactions are for authorized purposes. Identify employees who have a number of expense claims per day greater than the acceptable maximum number of claims by expense type by amount or count. Total the count and amount of transactions per Employee per Day and report on cards that exceed the Maximum Expense Count or the Maximum Expense Amount.	Travel & Entertainment
7. Suspect Expense Dates - Weekends & Holidays	To ensure all transactions are for valid and authorized purposes. Identify T&E transactions where the Transaction Date occurred on a weekend or holiday as defined by the <<Variable Holiday>>, <<Unauthorized Weekday>>, and <<Fixed Holiday>> parameters.	Travel & Entertainment
8. User Access Report	To ensure that all system users are valid. Identify any login access of terminated employees past the employee termination date.	IT Access
9. Unauthorized Merchants - Restricted Merchant MCC	To ensure all transactions are to approved MCCs (Merchant Category Codes). To Identify all transactions where the MCC is in the Restricted Merchant MCC list.	Purchasing Cards
10. Inventory Adjustments	Identify inventory adjustments, and summarize information by employee.	Inventory

44

JTK 持續性電腦稽核管理平台

📢 **超過百家**客戶口碑肯定 持續性稽核**第一品牌**

無 逢 接 軌 A I 智慧稽核新作業環境

透過最新 AI 智能大數據資料分析引擎，進行持續性稽核 (Continuous Auditing) 與持續性監控 (Continuous Monitoring) 提升組織韌性，協助成功數位轉型，提升公司治理成效。

📁 **海量資料分析引擎**

利用CAATs不限檔案容量與強大的資料處理效能，確保100%的查核涵蓋率。

🔒 **資訊安全 高度防護**

加密式資料傳遞、資料遮罩、浮水印等資安防護，個資有保障，系統更安全。

👀 **多維度查詢稽核底稿**

可依稽核時間、作業循環、專案名稱、分類查詢等角度查詢稽核底稿。

📊 **多樣圖表 靈活運用**

可依查核作業特性，適性選擇多樣角度，對底稿資料進行個別分析或統計分析。 45

JTK 持續性電腦稽核管理平台

提高稽核效率 發揮稽核價值

開發稽核自動化元件　　經濟部發明專利第 I380230號　　稽核結果E-mail 通知

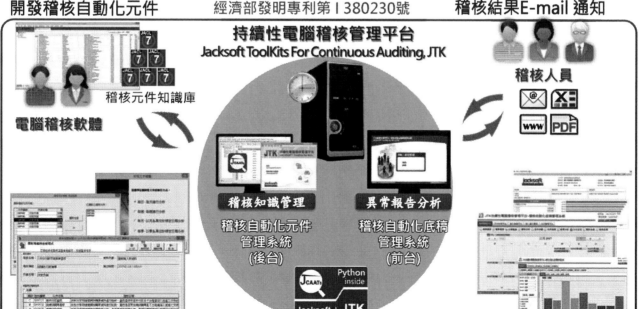

稽核自動化元件管理　　　　　　　　稽核自動化底稿管理與分享

■稽核自動化：電腦稽核主機
一天24小時一周七天的為我們工作。

JTK | Jacksoft ToolKits For Continuous Auditing
The continuous auditing platform

46

JTK持續性稽核平台儀表板

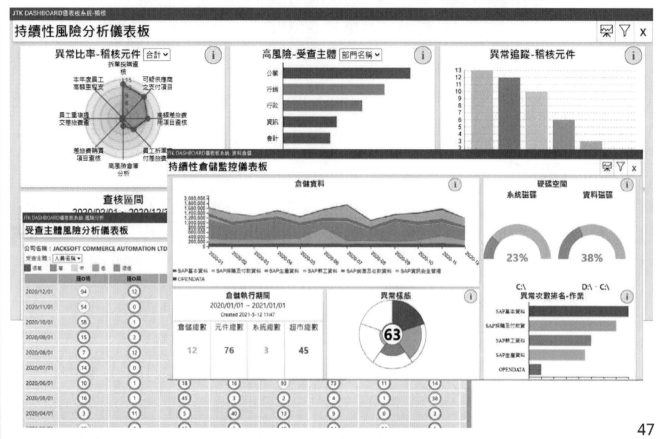

AI智慧化稽核流程

~透過最新AI稽核技術建構內控三道防線的有效防禦，
協助內部稽核由事後稽核走向事前稽核~

	查核規劃	程式設計	執行查核	結果報告
事後稽核	■ 訂定系統查核範圍，決定取得及讀取資料方式	■ 資料完整性驗證，資料分析稽核程序設計	■ 執行自動化稽核程式	■ 自動產生稽核報告
事前稽核	成果評估	預測分析	機器學習	學習資料
	■ 預測結果評估	■ 執行預測	■ 執行訓練	■ 建立學習資料

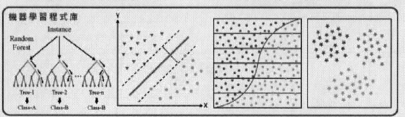

監督式機器學習　　　非監督式機器學習

持續性稽核與持續性機器學習
協助作業風險預估開發步驟

專業級證照- ICCP

國際電腦稽核軟體應用師(專業級)
International Certified CAATs Practitioner

CAATs
-Computer-Assisted Audit Technique

強調在電腦稽核輔助工具使用的職能建立

職能	說明
目的	證明稽核人員有使用電腦稽核軟體工具的專業能力。
學科	電腦審計、個人電腦應用
術科	CAATs 工具

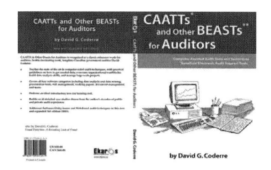

49

專業證照 - CEAP

國際ERP電腦稽核師 (專家級)
Certified ERP Audit Professional

* 持有證照者可在未來升學與國外留學上加分。
* 持有證照者在就業市場有較高的競爭力與專業的能力。
* 成為公、民營企業優先升遷、獎勵的對象。

 +

職能	說明
目的	國際ERP電腦稽核師 (專家級)證明具備使用CAATs工具查核相關ERP系統的專業能力。
學科	COSO、SOX、ERP
術科	CAATS + ERP

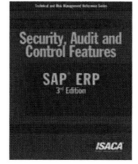 

50

隨堂練習-選擇題

( )1.1下列哪一類不屬於電腦輔助技術之稽核對象的類別？
a.程式分析技術
b.程式測試技術
c.連續測試稽核技術
d.資料庫測試技術
e.其它操作系統軟體技術

( )1.2下列哪一項並不屬於電腦稽核方法？
a.繞過電腦稽核
b.透過電腦稽核
c.同步電腦稽核
d.利用電腦稽核
e.以上皆是

( )1.3下列哪一個不是通用稽核軟體？
a. ACL
b. Excel
c. IDEA
d. dBASE
e. JCAATs

隨堂練習-選擇題

( )1.4下列何者非內部控制的組成要素？
a.控制活動
b.硬體維護
c.風險評估
d.監督
e.資訊與溝通

( )1.5「電腦輔助稽核技術」的縮寫為何？
a. CAATs
b. SACA
c. IIA
d. AICPA
e. GAS

( )1.6以下何者非使用通用軟體的功能之一？
a.驗證計算與總計
b.執行複雜的計算
c.產出多種報表與機器可讀取的輸出檔案
d.分析出由稽核員定義為不尋常的資料
e.統計與抽樣

第二章

JCAATs AI 稽核簡介

(Overview)

AI Audit Software
人工智慧新稽核

Copyright © 2023 JACKSOFT.

JCAATs AI 稽核軟體
第二章 簡介(Overview)

53

JCAATs-AI Audit Software

Copyright © 2023 JACKSOFT.

AI人工智慧新稽核生態系

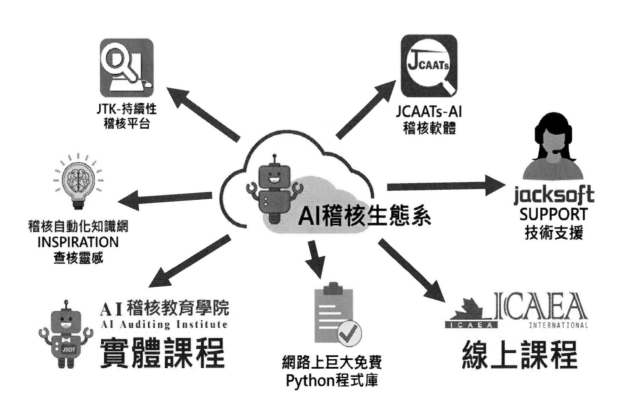

54

JCAATs系統基本操作畫面

可以運用CAATs做什麼？
What can I do with CAATs?

- 針對決策制定來蒐集資訊
- 維持資料之完整性-唯讀— READ ONLY
- 處理不同系統資料
- 快速處理大型檔案
- 可100%測試，非抽樣
- 自動分析程序
- 維護工作紀錄

JCAATs系統基本操作畫面:

- **主頁籤 (Main)**
  - 包含主螢幕、資料表、程式與結果圖。

- **專案總覽 (Project)**
  - 顯示專案相關資料表與程式等。

- **操作軌跡 (Log)**
  - 顯示操作軌跡紀錄。

- **功能列 (Menu)**
  - 顯示JCAATs相關指令。

- **狀態列 (Status bar)**
  - 顯示主工作資料表的相關資訊。

57

主頁籤 (Main)

- **主螢幕(Main Screen)**
  - 顯示指令執行結果。

- **資料表(Table)**
  - 顯示工作中之資料表的內容。

- **程式 (Script)**
  - 顯示工作中程式的內容。

- **結果圖 (Graph)**
  - 透過圖形化顯示資料表與分析結果。

58

專案導航員 (Project Navigator)

1.專案總覽 (Project)

- 顯示目前專案相關資料表、程式等,並可透過建立資料夾方式,有效管理專案相關項目。

2.操作軌跡 (Log)

- 將專案執行所有軌跡予以完整記錄,以利後續備查或覆核,並可以將此操作軌跡轉存成程式(Script),提高作業效率,達到自動化目標。

59

狀態列 (Status bar)

- 顯示資料筆數

- 顯示資料篩選條件

60

功能列(Menu Bar)

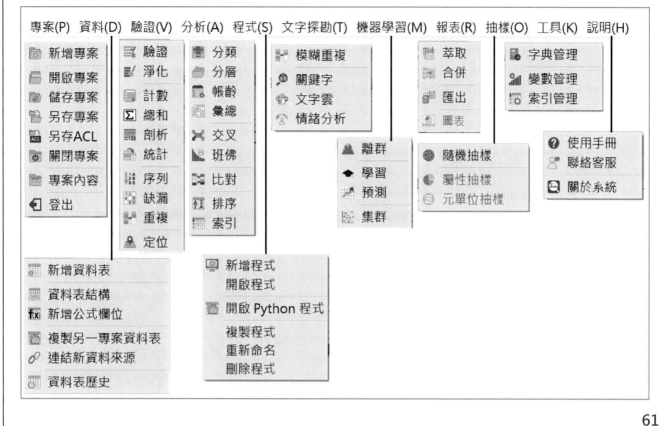

61

JCAATs系統作業基本架構

- 專案(Project)：
  將資料分析作業及分析結果組織化

- 專案組成要素:
  - 資料表　　　Tables
  - 程式　　　　Scripts
  - 操作軌跡　　Logs
  - 資料夾　　　Folders

62

JCAATs系統作業架構

- JCAATS專案(Project)
  - 資料夾(folder)
  - 資料表(table)
  - 程式(scripts)

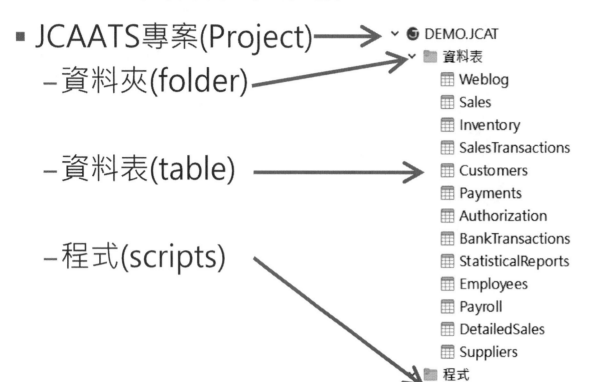

專案導航員→操作軌跡檔(Log)

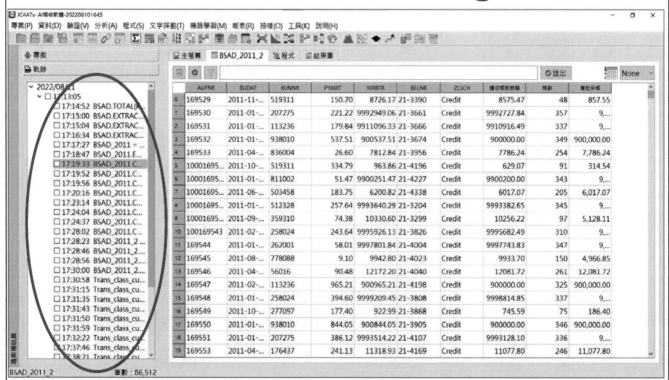

JCAATs 系統架構圖:

資料表配置
(Table Layout;
Input file definitions)
描述資料的紀錄配置使你可以定義
可供JCAATs處理的欄位

檢視(Views)
檢視可顯示資料並可作為列印輸出
報表的樣板。

工具:
索引(Index)、變數(Variable)
可以管理相關專案使用到的變數;
索引等設定資訊。

程式(Scripts)
使你可以自動的重複執行查詢及複
雜分析,並可自訂一個應用程式。

操作記錄檔(Log)
就像個飛行紀錄儀,日誌可完整記
錄你所有在JCAATS上的操作軌跡。

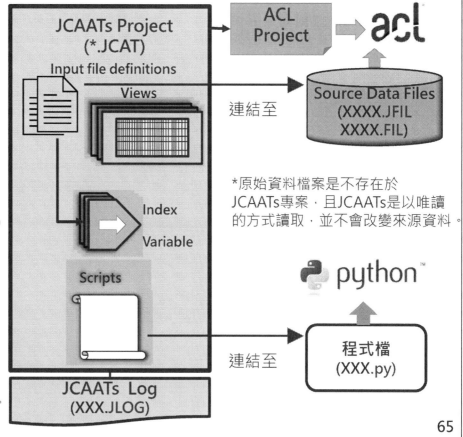

*原始資料檔案是不存在於
JCAATs專案,且JCAATs是以唯讀
的方式讀取,並不會改變來源資料。

65

JCAATs檔案組織範例:

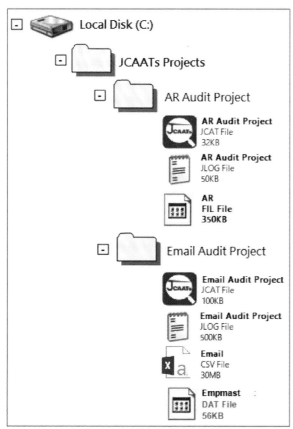

- 對於每一個新的JCAATs專案於硬碟中建立新資料夾
  Organize your hard drive by creating a new Windows folder for each new JCAATS Project

- JCAATs專案之位置為定義之工作資料夾
  The location of your JCAATS Project is your Default Working Folder

- 所有藉由JCAATs分析產生之檔案會自動被儲存在工作資料夾中
  All new files created by JCAATS as a bi-product of your analysis will be stored automatically in the Default Working Folder

66

隨堂練習-選擇題

( )2.1當查核某一受查者總帳系統後,發現該受查者的某一資訊人員同時有切立、核准傳票並過帳之系統權限,下列查核程序何者最為有效?
a.詢問該資訊人員是否有切立異常之傳票
b.因該員非為會計,無舞弊動機故無須查核
c.查核權限設定檔檢視是否有權限衝突
d.詢問會計主管是否有發現異常之交易,並了解內部稽核主管之稽核結果
e.自資料庫下載所有總帳分錄,查核有無該資訊人員切立、核准或過帳之交易

( )2.2以下為發生在銀行業中的一種程式設計舞弊,即程式師設計了一個程式,將儲蓄帳戶的日利息計算到四位小數點,然後他截掉最後兩位小數並加到自己的帳戶中。以下哪項電腦審計技術最有效地檢查這類舞弊?
a.詢問與觀察
b.用通用審計軟體抽選帳戶餘額向儲戶函證
c.抽點列印法
d.系統控制和審計覆核檔
e.重新計算平行模擬

( )2.3在設計持續性稽核之實行步驟時,稽核人員必須了解產業、組織、企業流程等事項是屬於哪一步驟?
a.獲取管理階層之支持
b.決定測試範圍
c.確定匯入資料之技巧
d.定義稽核需求
e.以上皆非

隨堂練習-選擇題

( )2.4以下何種電腦稽核工具較可以有效協助稽核人員執行金融管理資訊系統交易之統計抽樣?
a.資料庫軟體
b.通用稽核軟體
c.試算表軟體
d.程式碼測試工具
e.弱點掃描軟體

( )2.5關於洗錢防制查核,以下何者為非?
a.只要查核超過台幣五十萬以上匯款交易即可
b.除超過金額交易外,對於提現為名轉帳為實等疑似洗錢交易也需要善盡查核責任
c.對於疑似洗錢交易需要確認客戶身分並留存交易憑證紀錄
d.需查核是否有與公告的管制黑名單往來
e.除了銀行需要進行洗錢防制申報外,其他金融機構如保險、證券、期貨、信用卡等也需要進行洗錢防制內控查核

( )2.6為防範駭客入侵竊取資料,有關連接網際網路電腦系統之資訊通訊安全,下列敘述何者錯誤?
a.內部網路與網際網路應予連結,以增加使用之方便性
b.對已公布之電腦系統修補程式應立即安裝以彌補安全漏洞
c.系統預設之密碼應刪除並定期變更
d.機密性資料不可於網際網路平台上存放
e.定期查核防火牆相關設定

第三章

專案

(Project)

Python Based 人工智慧稽核軟體

AI Audit Software 人工智慧新稽核

JCAATs AI 稽核軟體
第三章 專案 (Project)

69

1.智能稽核專案程序

70

智能稽核(Smart Audit):

- 智能稽核是利用**大數據與先進稽核分析工具嵌入人工智慧**，將**稽核作業自動化**、**數據化**，提高稽核效率和效益，並降低人工稽核可能存在的誤差和風險。智能稽核主要包括三個構面：**資料自動化收集和分析**、**風險評估和控制**、以及**報告和溝通**。智能稽核應用於**財務稽核**、**風險稽核**、**遵循稽核**、**數據隱私稽核**等，透過智能稽核，協助高效率稽核工作，快速發現問題和風險，提高合規和風險控制能力。

- **JCAATs Python-Based 新世代AI人工智慧稽核軟體**，所有指令操作都會被記錄在日誌檔案中，讓系統更具獨立性與可追蹤性。稽核程式是以 Python 語言檔案形式儲存，容易了解與易於擴充，讓稽核作業和人工智慧技術可輕易結合。**JCAATs的智能稽核專案檔**儲存大部分的結構性專案資訊，例如資料表格式、稽核指令程式結構、變數和資料夾，實際資料與稽核程式則儲存在專案外的作業系統檔案中。這架構確保資料和指令在作業系統層面上受到控制，並且資訊安全與 IT 系統一致。

71

智能稽核專案步驟與程序

➢ 可透過JCAATs AI稽核軟體，有效完成專案，包含以下六個階段：

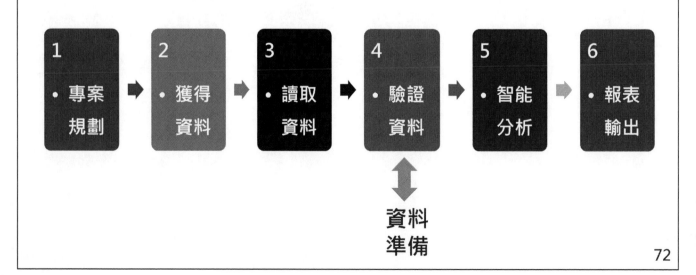

72

稽核資料分析循環

- **專案規劃**
  Planning

- 獲得及讀取資料
  Data Access/Import

- 驗證資料的完整性
  Data Validation

- 智能分析
  Smart Analysis

- 報告結果
  Reporting Results

專案規劃 Planning

1. 於開始前須先規劃工作，

2. 針對所要達成之目的規劃步驟，以進行後續之五階段。

3. 清楚描述目的，發展策略及所需之時間預算。

稽核資料分析循環

- 專案規劃
  Planning

- **獲得及讀取資料**
  Data Access/Import

- 驗證資料的完整性
  Data Validation

- 智能分析
  Smart Analysis

- 報告結果
  Reporting Results

獲得及讀取資料 Data Access/Import

1. 在策略計劃中將所需資料列出。

2. 包括資料位址、取得及轉換。

3. 獲得及讀取資料將於後續章節詳細說明。

稽核資料分析循環

- ▪ 專案規劃
  Planning

- ▪ 獲得及讀取資料
  Data Access/Import

- ▪ **驗證資料的完整性**
  Data Validation

- ▪ 智能分析
  Smart Analysis

- ▪ 報告結果
  Reporting Results

驗證資料的完整性 Data Validation

1. 測試資料的完整性，否則結果可能不完整或不正確。

2. JCAATS提供許多工具，包括指令及運算式，便利使用者確認資料完整性之錯誤。

3. JCAATs提供淨化功能，協助分析者快速進行缺失值的處理，讓後續的資料分析有一乾淨的資料。

4. 驗證資料的完整性將於後續章節詳細說明。

稽核資料智能分析循環

- ▪ 專案規劃
  Planning

- ▪ 獲得及讀取資料
  Data Access/Import

- ▪ 驗證資料的完整性
  Data Validation

- ▪ **智能分析**
  Smart Analysis

- ▪ 報告結果
  Reporting Results

智能分析 Smart Analysis

1. 執行必要之測試以達成目的。
   Perform the tests necessary to achieve your objectives.

2. 可使用指令、篩選器、公式欄位等
   Use commands, filters, computed fields, etc.

3. 數據資料分析將於後續第六章節詳細說明。

4. 進階的文字探勘等指令將於後續第八章節詳細說明。

5. 進階的機器學習等指令將會於後續第九章節詳細說明。

稽核資料分析循環

- ▪ 專案規劃
  Planning

- ▪ 獲得及讀取資料
  Data Access/Import

- ▪ 驗證資料的完整性
  Data Validation

- ▪ 智能分析
  Smart Analysis

- ▪ **報告結果**
  Reporting Results

報告結果 Reporting results

1. 從分析結果產出資料表,並據以製作相關報告。

2. 可以透過資料融合技術,快速合併多個資料表成為一新的資料表。

3. 可以將資料表匯出成不同類型的資料檔如 csv, txt, excel, ods, json, xml等。

4. 可以透過圖表功能對資料進行二維、三維與四維度的分析,透過視覺化方式剖析資料分析結果。

3. 報告結果將於後續章節詳細說明。

 | AI Audit Expert

2.專案功能

JCAATs 專案功能

- JCAATs 的每一專案包含:
  - 檔案檔類型為 *.JCAT
  - 軌跡檔類型為 *.JLOG

- **JCAATs 可以匯入 ACL 專案資料**，進行稽核分析。

- **JCAATs 可以存檔為ACL 專案**，讓ACL 軟體使用。

- 專案內容顯示目前專案包含的資料表、程式等。

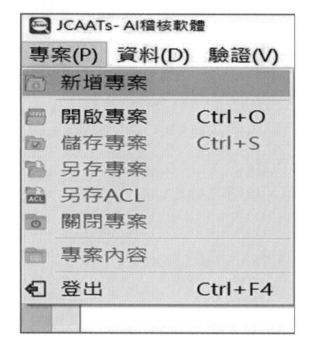

一個專案一個檔案資料夾，管理簡單又方便。

新增專案

每一專案一個資料夾。請先在檔案管理建立好一新資料夾，並在次資料夾內輸入專案名稱，建立新的專案。

開啟專案

- JCAATs 可以選擇開啟JCAATs 專案(*.JCAT 或 *.JACL)。
- *.JACL為3.3版前的舊JCAATs專案檔，開啟後JCAATs存檔時將會自動產生新的 *.JCAT， 相關新資訊都存*.JCAT檔中。

另存專案 與 另存ACL專案

- 可以另存為 JCAATs專案 或是 ACL專案。
- ACL專案可以使用於ACL軟體上面，讓資料表可以分享。
- 另存ACL專案只會儲存資料表，不會儲存Script和工作區。

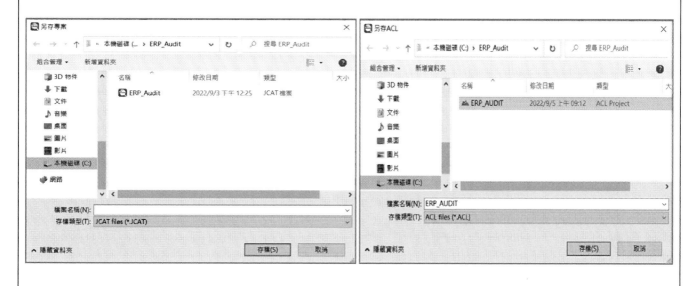

3.專案導航員 與專案內容

Copyright © 2023 JACKSOFT.

83

專案內容

- 可以顯示目前專案的內容包含資料表與程式清單,可以存文字檔,供其他系統使用。

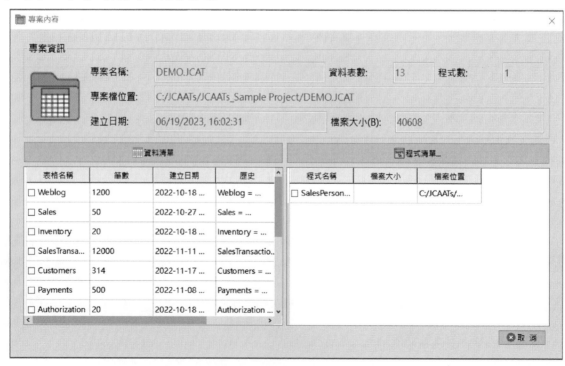

84

專案導航員

包含**專案**和**軌跡**二大模組，每一模組有各自功能，點擊滑鼠右鍵就會顯示。

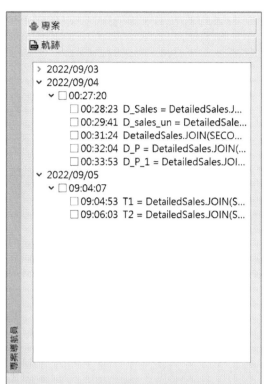

85

專案導航員>>專案

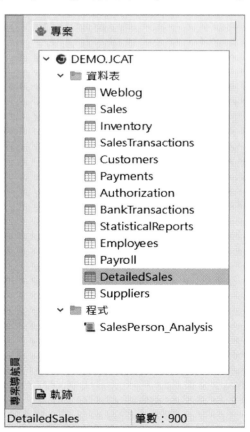

- **新增資料表**：顯示新增資料表功能介面。
- **新增程式**：顯示新增程式名稱介面，輸入名稱後進入程式編輯。
- **新增資料夾**：可以建立資料夾名稱，並移動整批資料表或程式到此資料夾下。
- **複製**：可以選資料表或程式然後進行複製，輸入新的名稱。
- **重新命名**：可以修改資料夾、資料表、程式名稱。
- **刪除**：可刪除專案檔中的資料表、程式與資料夾等(若刪除資料夾，不會刪除其中的資料表與程式)，這是安全機制，若要刪除實際檔案則需至檔案管理去移除。

86

專案導航員>>軌跡

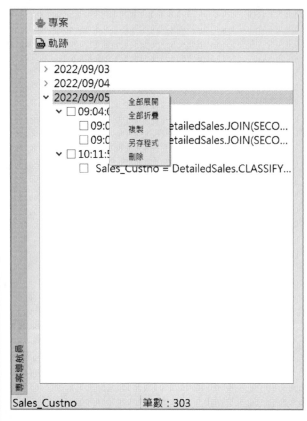

樹狀圖架構：以專案開啟日期、專案開啟時間、指令執行時間與指令內容等三層架構。

- **全部展開**：將所有的Log紀錄明細展開。
- **全部折疊**：將所有的Log紀錄明細收起，僅保留專案日期。
- **複製**：勾選所需的Log紀錄，可以複製到系統剪貼簿。
- **另存程式**：勾選所需的Log紀錄，可指定另存為程式，此程式會於專案下顯示。
- **刪除**：勾選Log，進行刪除動作。上一層Log刪除，其下的Log也會一併刪除。

87

jacksoft | AI Audit Expert

www.jacksoft.com.tw

4.主螢幕與結果圖

88

主螢幕

89

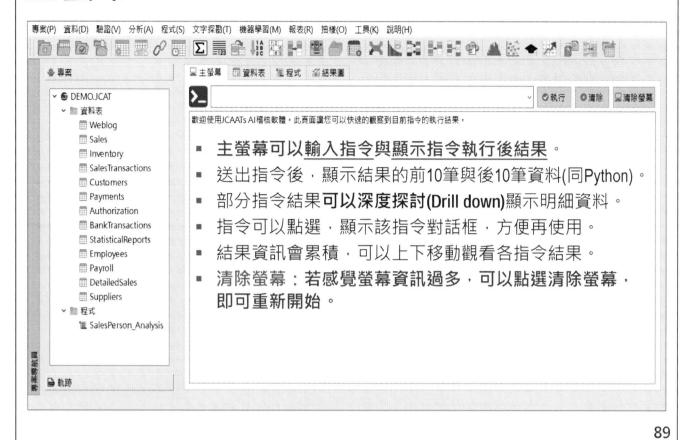

- 主螢幕可以輸入指令與顯示指令執行後結果。
- 送出指令後，顯示結果的前10筆與後10筆資料(同Python)。
- 部分指令結果可以深度探討(Drill down)顯示明細資料。
- 指令可以點選，顯示該指令對話框，方便再使用。
- 結果資訊會累積，可以上下移動觀看各指令結果。
- 清除螢幕：若感覺螢幕資訊過多，可以點選清除螢幕，即可重新開始。

範例：指令執行後的主螢幕

JCAATs >> DetailedSales.CLASSIFY(PKEY="PROD_CODE", SUBTOTALS = ["QTY"], TO="")
Table : DetailedSales
Note: 2023/06/19 16:47:00
Result - 筆數：6

重新執行

PROD_CODE	QTY_sum	COUNT	Percent_of_count	Percent_of_field
01	1,060	3	0.33	0.21
02	280	4	0.44	0.06
03	2,917	39	4.33	0.58
04	7,386	17	1.89	1.46
05	489,401	834	92.67	96.74
06	4,853	3	0.33	0.96

深度探討(Drill down)

DetailedSales   筆數：900

90

結果圖

- **加強視覺化分析:**
  顯示目前資料表數據分布圖表,基本包含**長條圖、折線圖、散點圖**等,以記錄號(Index)為X軸,數字欄位為Y軸。

- 特殊指令如<u>分類</u>、<u>分層</u>、<u>帳齡</u>、<u>交叉</u>、<u>班佛</u>、<u>文字雲</u>、<u>學習</u>、<u>分群</u>等會產出其專屬圖。

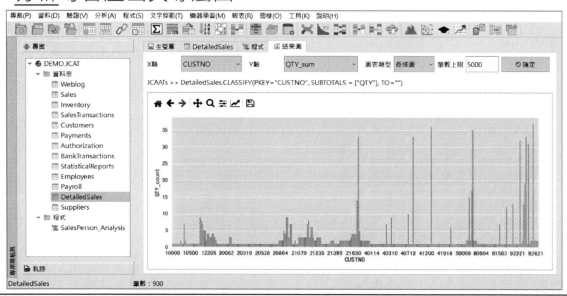

91

資料圖

- 顯示目前資料表數據分布圖表,基本包含長條圖、折線圖、散佈圖等,以記錄號(Index)為X軸,數字欄位為Y軸。

- 所有的表格若有數字欄位皆可看資料圖。

- 目前初始設定為前5000筆以免大數據資料下執行過久。

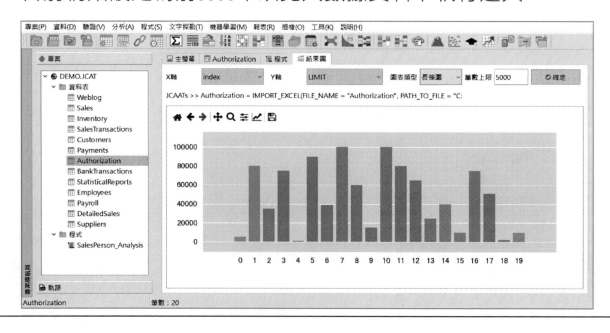

92

系統指令

- JCAATs **另外提供有一些系統指令**可以來控制系統專案環境，對專案部分主要如下：
  - self.JCAATS.SET_FOLDER(資料夾名稱)
    設定目前資料夾(FOLDER)指令，此指令對應到系統變數OUTFOLDER。
  - self.JCAATS.SCREEN_CLEAR()
    清除目前的螢幕內容指令，功能和清除螢幕按鈕相同。

93

範例: 指令輸入

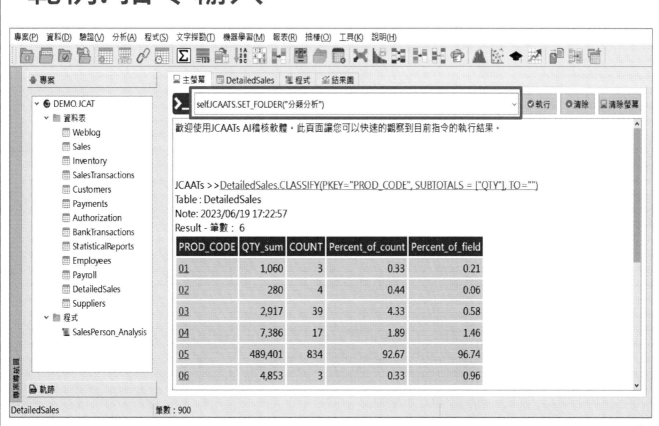

94

範例: 指令輸入

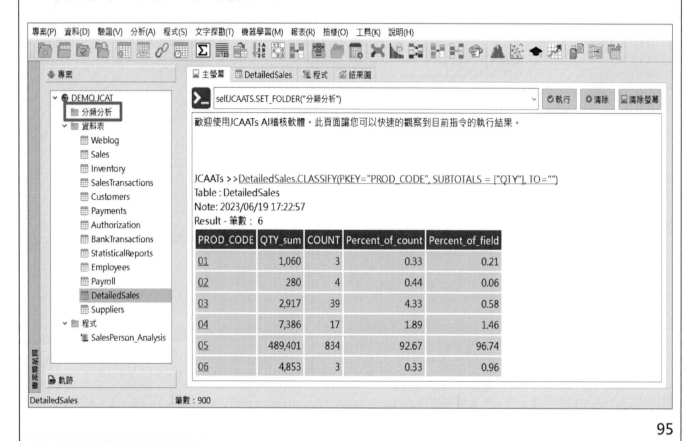

隨堂練習-選擇題

(　　)3.1查核人員使用電腦輔助查核技術之首要步驟為何？【105年高等會計師考題】
　　a.瞭解擬查核資料庫之資料表關連性
　　b.辨認擬查核之特定檔案或資料庫
　　c.確認受查者檔案之內容及可存取性
　　d.設定使用電腦輔助查核技術之目的
　　e.以上皆是

(　　)3.2多數人的生活經驗中，都有接過行銷電話、簡訊、詐騙電話，重視人權的歐盟，在2018年5月25日正式執行「一般資料保護規則」（GDPR）。這項法規的基礎建立在「被遺忘權（right to be forgotten）」，是一種在歐盟付諸實踐的人權概念，可以要求控制資料的一方，刪除所有個人資料的任何連結（link）、副本（copies）或複製品（replication）；還有「資料可攜權（Right to data portability）」以下列舉請問何者不包括含在GDPR之保護項目之內？
　　a. IP位置
　　b.行動裝置ID
　　c.問卷表單
　　d.視網膜掃描
　　e.以上皆屬GDPR之保護項目

(　　)3.3電腦稽核專案規劃方法通常採用六個階段，以下順序何者為真？
　　a.獲得、讀取、規劃、驗證、分析和報告
　　b.規劃、獲得、讀取、驗證、分析和報告
　　c.規劃、讀取、獲得、驗證、分析和報告
　　d.獲得、規劃、讀取、驗證、分析和報告
　　e.以上皆非

隨堂練習-選擇題

(　　)3.4使用電腦輔助查核技術(computer-assisted audit techniques)，下列何者最容易發覺舞弊事跡？
a.從客戶之應收帳款明細帳選取帳戶並發詢證函
b.重新計算存貨數量
c.檢查應收帳款餘額是否有超過賒銷上限
d.比較供應商的地址檔與員工地址檔
e.以上皆是

(　　)3.5下列何者為通用稽核軟體(如ACL、JCAATs、IDEA等)之特性？
a.限於讀取固定型態的資料格式
b.有可能去更改資料
c.要求具備電腦程式撰寫能力
d.無限檔案容量
e.處理大量資料能力

(　　)3.6為了防止員工利用供應商以未授權方式將資金轉予自己，可利用下列哪些相同元素進行舞弊之查核? 1.地址 2.電話號碼 3.EIN 4.銀行帳戶 5.緊急聯絡地址 6.SNAP
a.地址、電話號碼
b. EIN、銀行帳戶、緊急聯絡地址
c.地址、電話號碼、緊急聯絡地址、SNAP
d.地址、電話號碼、EIN、銀行帳戶、緊急聯絡地址
e.以上皆是

97

隨堂練習

練習3.1、請開啟JCAATs AI稽核軟體。

練習3.2、請開啟JCAATs 範例專案檔。

98

練習解答
3.1與2、請開啟JCAATs AI稽核軟體
　　　與範例專案檔

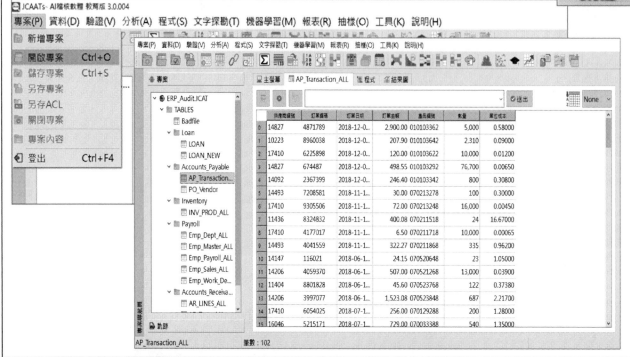

99

隨堂練習

練習3.3、請瀏覽專案導航員上分析所需資料表。

練習3.4、請確認資料表是否為唯讀 (read only)。

練習3.5、請瀏覽操作軌跡(LOG)。

100

練習解答
3.3、請瀏覽專案導航員上查核所需資料表

101

練習解答
3.4、請確認資料表是否為唯讀 (read only)

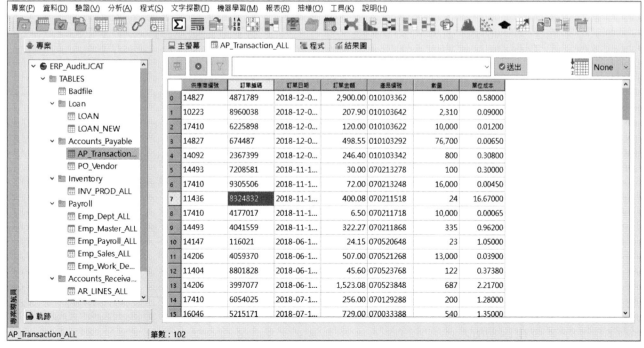

在表格中任意點按欄位，確認是否為唯讀(不能修改)

102

練習解答
3.5、請瀏覽操作軌跡(LOG)

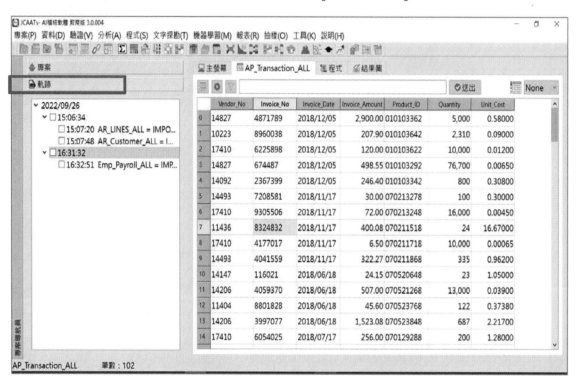

補充 – 軌跡LOG

- JCAATs使用Python語法，開啟資料表不會存成log。

- JCAATs不管是輸出到螢幕還是資料表，有使用到下列功能列的都會留存於軌跡。

專案(P) 資料(D) 驗證(V) 分析(A) 程式(S) 文字探勘(T) 機器學習(M) 報表(R) 抽樣(O) 工具(K) 說明(H)

 Python Based 人工智慧稽核軟體

第四章

資料

(Data)

AI Audit Expert

AI Audit Software
人工智慧新稽核

JCAATs AI 稽核軟體
第四章 資料 (Data)

AI Audit Expert

1.資料取得基本知識

資料概念 Data Concepts

- 文字、數字或符號所表示之意涵
須經適當之處理、傳達或解釋。
  Letters, numbers, or symbols representing
  information, suitable for processing,
  communicating, or interpreting.

- 此符號代表之意義？
  What does this
  symbol represent?

資料概念 Data Concepts

- 文字、數字或符號所表示之意涵、適當之處理、傳達或解釋。
  Data is letters, numbers, or symbols representing information, suitable for processing,
  communicating, or interpreting.

- 下列字串代表之含意？
  What does this string of data represent?

04092003

- 此字串可能之解釋為 This string could be interpreted as：

  - 金額(數字) $4,092,003 或 $40,920.03
    An Amount (NUMERIC) $4,092,003 or $40,920.03

  - 發票日期 2003年4月9日或2003年9月4日
    An Invoice Date (DATE) April 9, 2003 or September 4, 2003

  - 帳號(文字) 04092003
    An Account Number (CHARACTER) 04092003

資料結構 Data Structure

- 檔案Files
  - 紀錄的彙整儲存，具有不同的記錄
    結構及資料型態，可個別被處理
    Named collection of records stored or
    processed as an individual entity

- 紀錄Records
  - 檔案的更小單元 Subset of a file
  - 相關檔案包括一組完整的資料
    Collection of related fields containing
    data items grouped for processing

- 欄位Fields
  - 紀錄的更小單位 Subset of a record
  - 每筆記錄所包括之個別片段資訊，
    並儲存於特定位置中
    A specified area of a record used for
    storing a particular class of data

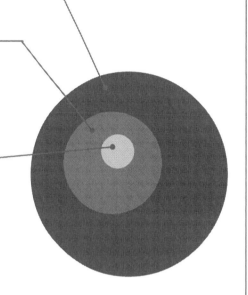

檔案及欄位 File and Fields

顧客編號Cust No.	顧客名稱Name	日期Date	交易金額Trans Amount
308250	Lawrence O'Mara	10/05/2000	367.12

資料格式 Data Type

TEXT	TEXT	DATE	NUMERIC
....|....10...|....20...|....30...|....40...|			

Start	Length		Start	Length			Start	Length		Start	Length	Decimals
1	9		10	17			27	10		37	9	2

資料長度
Record_Length　45

資料取得

- **與電腦資訊部門合作**
  Partner with IS
- **教育自己與部屬**
  Educate yourself and your staff
- **辨認可用資料**
  Identify available data:
  - 與資訊部門及被稽核者晤談
    Meet with IS and Auditee.
  - 複核資料定義
    Review data dictionary
  - 從要被分析的地方取得報告
    Obtain reports from area being analyzed
  - 與資料輸入人員晤談
    Meet with data entry personnel

- **決定可讀取的資料格式**
  Determine available data formats
  - ACL 專案資料檔
  - Excel, ODS 試算表檔案
  - ODBC-compliant data sources
  - 固定長度文字檔
  - 文字檔(PDF files)
  - 表格檔(PDF files)
  - 分界文字檔(Delimited files)
  - 網路交換資料(XML, JSON)
  - 網站OPEN DATA
  - 超文本標記語言檔(HTML)
  - 雲端軟體 API (Ex. OCR、FTP、Email等)

111

資料取得

- **決定目的**
  Determine your objectives
- **所需資料**
  Request the data
  - 資料請求信函
    Data request letter
  - 摘要報告
    Summary Report
  - 記錄格式
    Record Layout
  - 控制總數
    Control Totals

- **傳輸資料**
  Transferring the data
  - 擷取作業資料庫
    Access to production database
  - 擷取資料複本
    Access to a copy of the data
  - 擷取來源資料
    User access to source data

- **開放式資料**
  Open data
  - 擷取網站
    Access to Web data file
  - 擷取資料格式
    Access data layout
  - 下載來源資料
    Download source data

112

讀取資料

- 產生JCAATS專案，建立資料表格式以擷取資料。

- JCAATs 提供單一檔案或是多檔案同時匯入功能。

- JCAATs 讀取資料的方法有二:

  - 匯入資料(IMPORT DATA)
    - 自動定義資料表格式
      Automatic layout
    - 人工定義生資料表格式
      Manual layout
    - 外部定義
      External definition

  - 複製及連結(Copy and Link)
    - JCAATs 專案外部定義
      JCAATs External definition

113

AI Audit Expert

2.匯入資料
(IMPORT DATA)

114

匯入資料(IMPORT DATA)的步驟

主要區分為五個步驟:

①　資料來源　②　選擇檔案　③　資料特徵　④　欄位定義　⑤　結　束

步驟一：**資料來源-** 設定連結資料來源的方式

步驟二：**選擇檔案-** 設定資料來源檔案的資料格式

步驟三：**資料特徵-** 設定資料內容編碼與開始列數等

步驟四：**欄位定義-** 設定各資料欄位的資料類型與格式

步驟五：**結　　束-** 設定資料表名稱與資料檔存放位置

115

資料來源平台

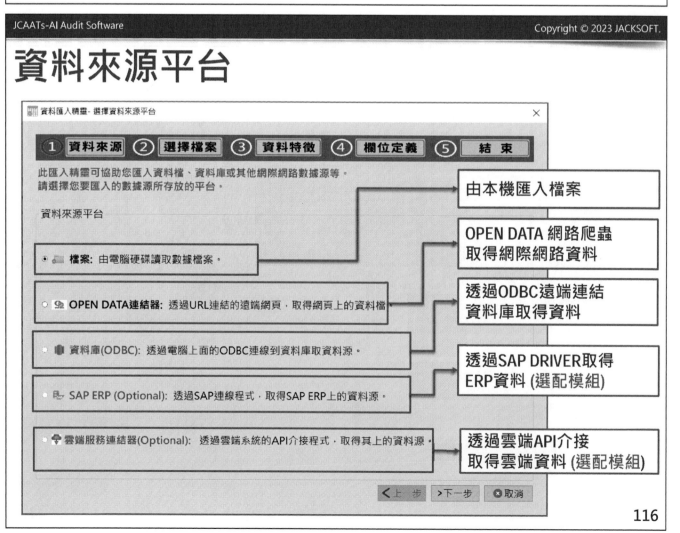

116

資料來源：由本機匯入檔案

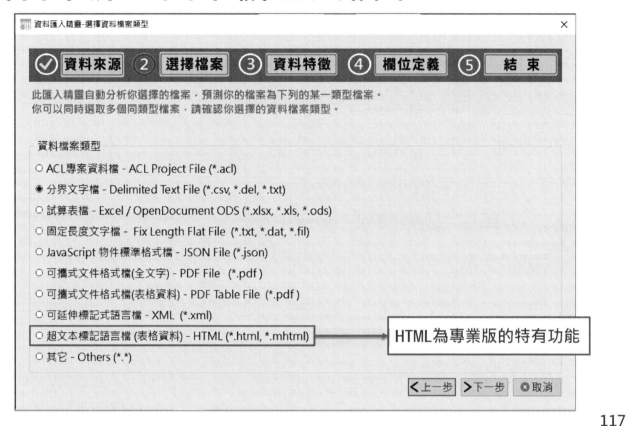

117

匯入檔案類型

1. **ACL專案檔(ACL):** 選擇ACL專案檔(*.acl)，匯入專案檔內的資料表。
2. **分界文字檔(Delimited):** 選擇分界檔格式的資料檔案(*.csv, *.del)。
3. **試算表檔案(MS Excel/OpenDocument):** 選擇試算表檔案，包含Excel 或ODS檔(*.xls, *.xlsx, *.ods)。
4. **固定長度文字檔(Flat File):** 選擇固定位置之文字資料檔 (*.dat, *.txt, *.fil)，透過設定固定位置匯入資料格式。
5. **JavaScript 物件標準格式 (JSON):** 選擇JSON格式的資料檔案(*.json)，透過JSON標準匯入資料格式。
6. **可攜式文件格式檔(文件PDF):** 選擇PDF格式的資料檔案(*.pdf)，將每行文字全部以文字格式匯入。
7. **可攜式文件格式檔 (表格PDF-Table):** 選擇PDF格式資料檔案(*.pdf)，可透過 AI判斷檔案內的表格，將其依表格格式匯入資料。
8. **可延伸標記式語言檔(XML):** 選擇XML格式的資料檔案(*.xml)，透過XML標準匯入資料格式。
9. **超文本標記語言檔(表格資料):** 選擇HTML資料檔案(*.html)，可透過 AI判斷檔案內的表格，將其依表格格式匯入資料。
10. **其它(Other):** 非以上其他一般常用格式。

118

多資料檔整批匯入

- JCAATs提供可以同時匯入多個資料檔的功能，可大幅節省時間，提升作業效率。

- **重複使用資料表格式適用情況:**

    -有多個具有相同結構的檔案

    -定期接到具有相同結構的檔案

- **重複使用資料表格式進行步驟：**

    - **複製**相同之資料表格式定義

    - **連結**資料表格式至新的來源資料

    - 可**從其他JCAATS專案匯入**資料表格式

    - 可**匯出**資料表格式

119

資料來源：ODBC連結資料庫

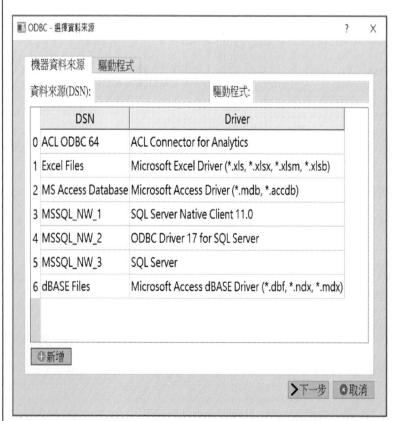

1. **JCAATs 使用 64 bits ODBC 系統。**

2. 列出目前電腦系統上已設定好的ODBC資料來源與驅動程式。

3. 建議使用者可以使用 Microsoft ODBC 64 bits管理平台直接安裝驅動程式與設定DSN資料來源。

4. JCAATs目前ODBC可以連線的資料庫資料字典有**Access, MS SQL, MySQL, Oracle, DB2, Teradata**等，使用者可以透過新增模組方式新增其它資料庫字典。

120

資料來源：OPEN DATA

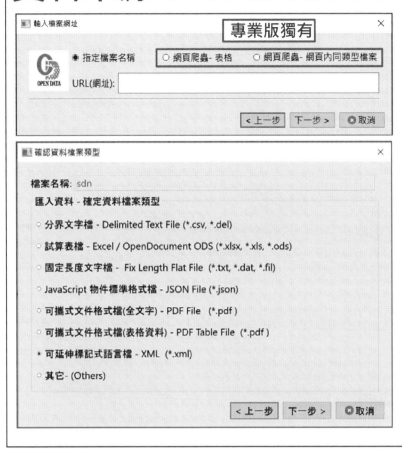

1. JCAATs 提供**指定網址資料檔案匯入功能**，使用者需要確認檔案的資料類型。

2. **JCAATs 提供網路爬蟲功能(專業版獨有)**，可以將使用者指定網址內，所有同類型或表格形式的檔案一次全部匯入到 JCAATs。

3. 要使用此功能，需要可以上網連線到該網址，請先確認網路是否通暢。

4. 由於通常網路上資料量較大，**需要較大的網路頻寬與時間來下載這些資料。**

121

jacksoft | AI Audit Expert
www.jacksoft.com.tw

3.匯入資料範例： 匯入 Employees.csv

Copyright © 2023 JACKSOFT.

122

步驟1、資料來源

- 點「資料>新增資料表」
- 選擇資料來源平台為「檔案」
- 選擇下一步

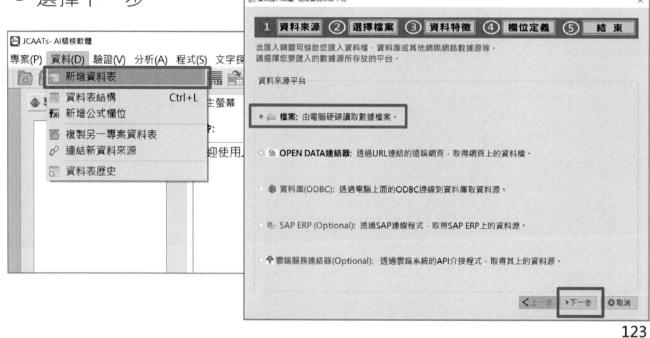

123

步驟2、選擇檔案>>開啟資料檔

- 開啟資料檔中點選Employees.csv
- 點選「開啟」

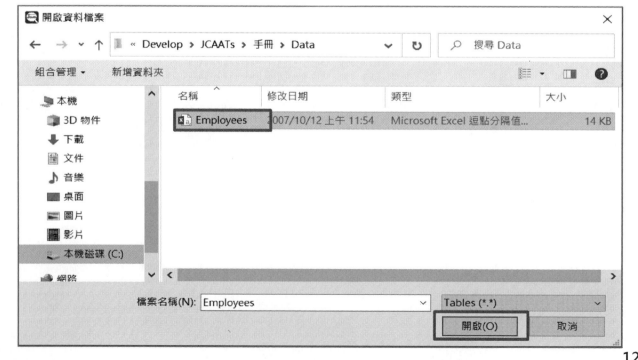

124

步驟2、選擇檔案>>選擇資料檔類型

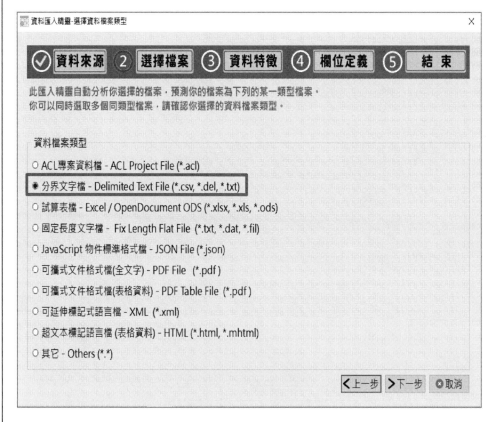

- JCAATs會自動偵測檔案類型
- 確認無誤即點選「下一步」

步驟3、資料特徵

- **JCAATs會自動偵測檔案字元編碼方式**,除非確認錯誤,建議使用系統結果,以免造成錯誤。
- **確認資料開始的列數。**
- **確認首列是否為欄位名稱。**
- **確認分隔符號。**
- 若多檔案,可以於檔案名稱處選檔名來分別設定資料特徵。
- 點選「下一步」

步驟4、欄位定義

- 設定每個欄位於 JCAATs上的欄位名稱、顯示名稱、資料類型與資料格式等。
- 點選表格上各欄位名稱來替換不同欄位設定。
- 未設定的欄位，JCAATs設為文字欄位。
- 設定完畢後選擇「下一步」。

127

步驟5、結束

- 確認JCAATs上的**資料表名稱**。
- **資料檔儲存的路徑**，預設為專案資料夾。
- **確認欄位格式與型態**等資訊，若沒問題選擇「**完成**」。

128

完成匯入 Employees.csv資料

- 等待匯入資料進度完成，即可看到資料表成功匯入到 JCAATs。

	First_Name	Last_Name	CardNum	EmpNo	HireDate	Salary	Bonus_2002
0	Leila	Remlawi	85901224...	000008	12/28/1997	52750	1405.40
1	Vladimir	Alexov	85901222...	000060	10/05/1997	41250	4557.43
2	Matthew	Lee	85901207...	000100	03/31/1999	38250	651.19
3	Alex	Williams	85901242...	000104	08/12/2001	40175	7460.02
4	Narinder	Singh	85901259...	000146	09/09/1999	32250	6990.75
5	Albert	Schmidt	85901207...	000157	09/26/2002	36170	836.98
6	Mohan	Parhar	85901289...	000161	08/10/2000	69750	4455.37
7	Nicole	Levy	85901227...	000172	06/15/2002	46150	1838.97
8	Jeanette	Wallace	85901286...	000180	05/11/1995	46500	952.81
9	Will	Harris	85901247...	000201	11/30/2001	79250	9722.57
10	Nils	Chiaro	85901217...	000210	07/23/1996	43800	7483.63

Employees　　　　筆數：200

129

jacksoft | AI Audit Expert
www.jacksoft.com.tw

4.複製及連結
(Copy and Link)

Copyright © 2023 JACKSOFT.

130

複製另一專案資料表>選擇專案(可為JCAATs或 ACL)

131

複製另一專案資料表>選擇資料表(可以多選)

132

複製另一專案資料表>完成資料格式匯入與資料連結

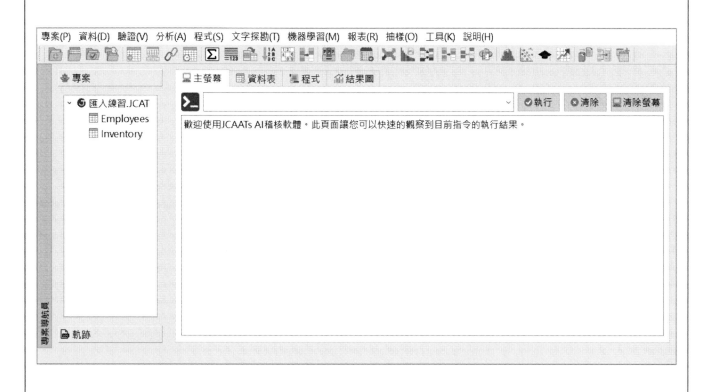

連結新資料來源>選擇資料檔(*.FIL)

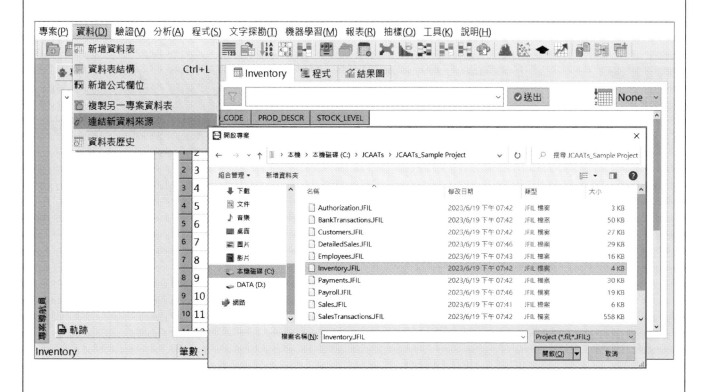

連結新資料來源>完成

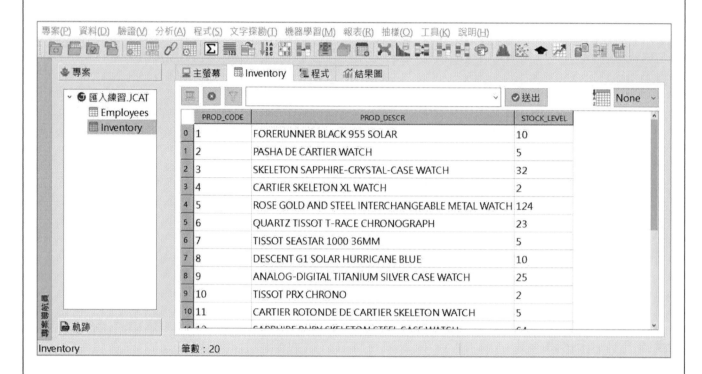

 | AI Audit Expert

5.資料表結構和歷史 (TABLE LAYOUT and HISTORY)

Copyright © 2023 JACKSOFT.

資料表結構

顯示此資料表的欄位結構。

> 實體欄位(DATA): 此欄位資料實際存於資料表，只可以修改資料類型，無法刪除。
> 公式欄位(COMPUTED): 此欄位資料由公式產生，可以修改與刪除。

137

實體欄位編輯 - Employees

資料表名稱: Employees　　　　　　　　　　　　　實體欄位數: 7

實體欄位資訊

欄位名稱: Salary　　　　　　　　顯示名稱: Salary

資料類型: NUMERIC　　資料格式: 999999999　　小數點: 0

欄位順序: 5　　開始位置: 111　　資料長度: 10

資料

	First_Name	Last_Name	CardNum	EmpNo	HireDate	Salary	Bonus_2002
0	Leila	Remlawi	8590122497663807	000008	12/28/1997	52750	1405.40
1	Vladimir	Alexov	8590122281964011	000060	10/05/1997	41250	4557.43
2	Matthew	Lee	8590120784984566	000100	03/31/1999	38250	651.19
3	Alex	Williams	8590124253621744	000104	08/12/2001	40175	7460.02
4	Narinder	Singh	8590125999743363	000146	09/09/1999	32250	6990.75
5	Albert	Schmidt	8590120716753180	000157	09/26/2002	36170	836.98
6	Mohan	Parhar	8590128947747852	000161	08/10/2000	69750	4455.37
7	Nicole	Levy	8590122720558982	000172	06/15/2002	46150	1838.97

138

資料表歷史

- 顯示此資料表建立的時間與在此專案被產出的指令。

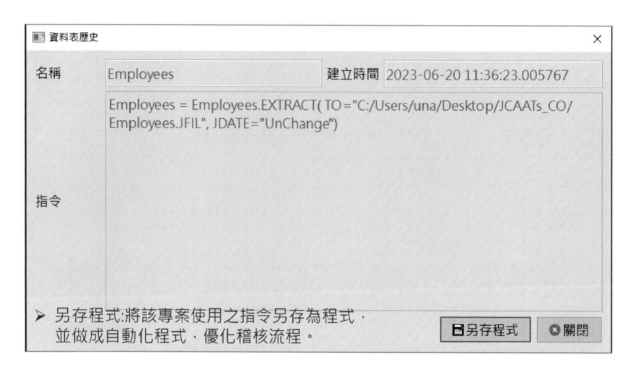

> 另存程式:將該專案使用之指令另存為程式，
> 並做成自動化程式，優化稽核流程。

補充 - 資料表、欄位、程式 名稱規則

- ## 首字不可為數字
  - 若首字為數字則會加上 _ (底線)
- ## 名稱不可重複
  - 若重複會在後面依序加上數字 EX. AAA1, AAA2
- ## 不可有特殊符號
  - 若有特殊符號會刪除
  - ~ ! @ # $ % ^ & * / - + ( ) . [ ] = ; ' '　 ' < > \ ` ˙ , 。 ? { } 空格斷行

補充-欄位名稱:

- ## 不可是保留字 (ex: ALL)

隨堂練習-選擇題

(　　　)4.1以下何者為CAATs軟體匯入資料之正確步驟?
a.資料來源->選擇檔案->資料特徵->欄位定義
b.選擇檔案->資料來源->資料特徵->欄位定義
c.欄位定義->資料來源->資料特徵->選擇檔案
d.資料特徵->資料來源->欄位定義->選擇檔案
e.以上皆可

(　　　)4.2以下何者非為JCAATs軟體可匯入資料之資料來源平台?
a.檔案
b.OPEN DATA 連結器
c.資料庫連結(ODBC)
d.雲端服務連結器
e.以上均是

(　　　)4.3使用CAATs軟體若採用資料庫連結(ODBC)方式匯入資料,以下哪一種資料型態需要自行定義?
a.文字型態
b.數字型態
c.日期型態
d.以上均需自行定義
e.以上均不需自行定義

隨堂練習-選擇題

(　　　)4.4在採購系統的控制中,下列何者非使用已授權之供應商資料的目的?
a.確保公司員工與供應商並無任何財務利益
b.確保準時交貨的廠商
c.確保選擇以最低價格提供最好的品質
d.幫助採購管理者確保採購單的有效性檢驗
e.確保未有公告拒往的黑名單廠商

(　　　)4.5使用CAATs軟體時,如何獲得其它專案之表單?
a.使用連結新資料來源(Link to New Source Data)
b.使用新增資料表(New Table)
c.使用從其他主機匯入(Import from Server File)
d.使用複製另一專案資料表(Copy from another project)
e.使用更新資料源(Refresh from Source)

(　　　)4.6電腦輔助查核技術(Computer-Assisted Audit Techniques),其通常可用於執行下列哪種查核程序?
a.測試交易明細及餘額
b.分析性程序
c.測試一般控制
d.使用抽樣程式選取查核資料
e.以上皆是

隨堂練習-選擇題

(   )4.7不論企業是否採用電腦資訊系統,從審計的觀點,哪些基本原則是不會改變?①證實測試與控制測試的設計與執行 ②內部控制目標③財務報表聲明④固有風險及控制風險的考量 ⑤審計技術

a. ②③
b. ②③④
c. ①③④⑤
d. ①②③④
e. ①②③④⑤

(   )4.8遵循個資法,企業應該怎麼做?
a.進行個資盤點
b.含個資資訊郵件應加密
c.持續稽核
d.確保軌跡紀錄(LOG)之保存
e.以上皆是

(   )4.9法令遵循主管制度的功能在強化金融機構重視法治觀念,加強金融法令規章及道德規範之宣導與教育,其中有關金融機構各單位對法令遵循之職責,下列敘述何者錯誤?
a.董事會應核定法令遵循政策。
b.高階管理階層應負責擬訂法令遵循政策。
c.營業單位應指派人員擔任法令遵循主管。
d.法務單位無須另行指派人員擔任法令遵循主管。
e.以上皆正確。

隨堂練習-選擇題

(   )4.10進行個資檔案管理查核時需要取得個人電腦檔案清單,以下何方式取得較佳?
a.針對重要個資檔案伺服器或抽樣受查的個人電腦,開啟DOS命令提示字元視窗透過DIR /A/S >產生個人電腦檔案清單後取得
b.請資訊單位人員提供
c.請受查單位自行提供
d.委請外部專業單位進行稽核
e.以上皆可

(   )4.11查核SAP ERP系統供應商資料管理有效性時,可能使用到哪些資料檔?
a. LFBK(供應商銀行帳號明細檔)
b. BSAK(付款明細檔)
c. LFA1(廠商主檔)
d. PA0009(員工銀行帳號明細檔)
e.以上皆是

(   )4.12下列何者為SAP ODBC特色?
a.直接與SAP ERP連接,下載大量資料至CAATs中,進行相關查核作業
b. SAP ERP稽核資料字典,CAATs連接SAP就像連接一般資料庫一樣簡單
c.非SAP 所開發軟體,獨立性無問題
d.直接連結SAP ERP來建立稽核資料倉儲,解決您存取SAP資料時繁複的匯入/匯出程序與資料量過大的問題
e.以上皆是

隨堂練習-選擇題

(   )4.13下列何者非查核消費金融業務之基本原則？
a.查核範圍應涵蓋各產品循環。
b.利用預警報表作為查核輔助工具
c.利用稽核程式作為查核輔助工具
d.為客觀起見，故只做檢查不作建議
e.以上皆是

(   )4.14倘若發生個人資料外洩時，以下何者處理方式明顯錯誤?
a.加強教育訓練
b.在規定時間內通報資料保護主管機關
c.舉證說明發生原因為組織內部故意或過失
d.銷毀外洩資料與相關軌跡
e.建立持續性監控與改善機制

(   )4.15以下何者非為CAATs軟體，AI人工智慧新功能?
a.監督式機器學習--培訓(Train)、預測(Predict)
b.非監督式機器學習—集群(Cluster)
c.分類(Classify)與彙總(Summarize)
d.異常偏離(Outliers)快速識別數字段中的統計異常值
e.模糊比對(Fuzzy join)

隨堂練習-選擇題

(   )4.16有關電腦輸入輸出資料之管制作業，下列敘述何者錯誤？
a.為爭取時效先以電話通知代為更正時，事後應補送更正傳票或其他表單
b.輸出資料使用後若無保存需要，應經過核准並作適當毀棄處理
c.機密性或敏感性資料的輸出，應經核准並限定專人處理
d.經電腦檢核為異常或錯誤之輸入資料，應指定原操作人員負責查明處理即可
e.輸出控制主要為確保只有經授權的員工才能存取輸出結果

(   )4.17以下何者非為個資檔案管理查核應查核項目?
a.查核個人電腦上是否存在有非授權的個資檔案
b.檢查個人電腦上是否存在有未列於個資盤點表的個資檔案
c.檢查資料庫稽核功能設定是否為啟用狀態，以記錄資料存取軌跡
d.查核個資盤點表是否經過權責主管核准
e.查核個人電腦上是否存在有超過期限應銷毀的個資檔案

(   )4.18以下何者為個資檔案盤點有效性稽核較佳的方式?
a.詢問負責個資盤點的負責人員，請其說明盤點的進行方式
b.實際觀察個資檔案盤點的進行，將進行方式予以紀錄
c.抽查重要個資檔案伺服器或員工個人電腦，實際取得個人電腦檔案清單並匯入電腦輔助稽核軟體中，分析查核是否有漏盤點的個資檔案
d.檢查個資盤點表是否經過權責主管簽名
e.委託外部專業機構進行查核

隨堂練習-選擇題

(　　　)4.19金融機構為確保應用程式之正確，下列敘述何者有缺失？
a.程式之登錄及刪除均經申請核可及驗收程序。
b.同一程式在程式館內之「原始碼」與「目的碼」內容不相符。
c.具有修改資料、程式等功能之公用程式均嚴密管制使用。
d.正式作業程式館（如系統程式）應定期或適時加以清理。
e.以上皆是。

(　　　)4.20以下關於ODBC的說明何者正確？
a.使用者資料來源指的是使用者自己所設定的資料來源，其他使用者也可以使用
b.系統資料來源僅可以供作業系統使用的，使用者無法使用
c.新增使用者資料來源的步驟與新增系統資料來源的步驟完全相同
d.如果我們在伺服器上使用非微軟的資料庫系統，通常必須要額外的安裝適當的驅動程式
e.以上皆是

JCAATs 學習筆記：

隨堂練習

練習4.1、請自行建立一個<u>檔案路徑</u>，以利存放專案及相關檔
　　　　案，命名規格請勿使用特殊符號且勿以數字開頭。

練習4.2、請取得各種不同格式檔案，以利<u>練習資料匯入</u>。
　　　　　1. ACL專案檔
　　　　　2. MS Excel
　　　　　3. 分界文字檔(Delimited)、固定長度文字檔(Flat File)
　　　　　4. OpenDocument (ODS)
　　　　　5. JSON
　　　　　6. PDF、PDF-Table
　　　　　7. XML

149

練習解答
4.1、請自行建立一個檔案路徑，
　　　以利存放專案及相關檔
　　　案，命名規格請勿使用
　　　特殊符號且勿以數字開頭。

建立一個新的資料夾，名稱為JCAATs_CO

150

練習解答
4.2、請取得各種不同格式檔案，
以利練習資料匯入。

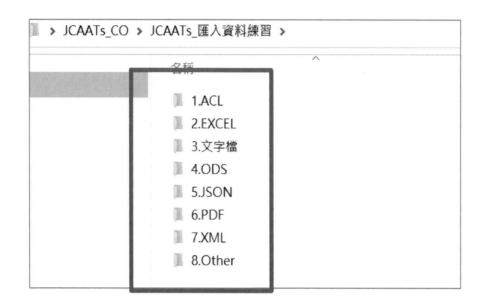

> JCAATs_CO > JCAATs_匯入資料練習 >

名稱

- 1.ACL
- 2.EXCEL
- 3.文字檔
- 4.ODS
- 5.JSON
- 6.PDF
- 7.XML
- 8.Other

隨堂練習

練習4.3、請建立JCAATs AI稽核軟體專案檔於先前已經
       建立之檔案路徑下 ，命名規格請勿使用特殊符號且勿
       以數字開頭。

練習4.4、請練習將ACL專案檔 匯入到JCAATs AI稽核軟體。

練習解答4.3

請建立JCAATs AI稽核軟體專案檔
於先前已經建立之檔案路徑下。
命名規格請勿使用特殊符號且勿以數字開頭
(專案命名為: JCAATs_1)

153

JCAATs AI稽核軟體新增專案:

1. 新建新資料夾
2. 點選 JCAATs-AI稽核軟體
3. 點「專案>選新增專案」
4. 設定專案名稱
5. 存檔

154

練習解答4.4

請練習將ACL專案檔
匯入到JCAATs AI稽核軟體

練習解答
4.4、請將ACL專案檔匯入至JCAATs AI稽核軟體
Step1:新增資料表: 選擇資料來源

- 點「資料>新增資料表」。
- 選擇資料來源平台為「檔案」後，點選「下一步」。

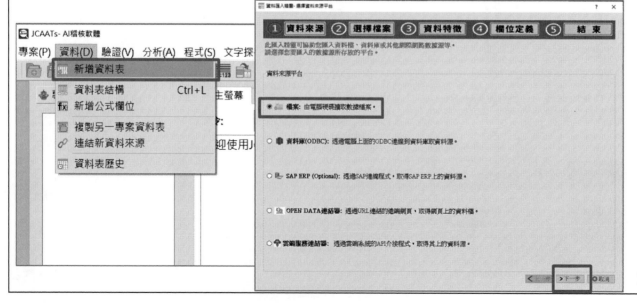

練習解答
4.4、請將ACL專案檔匯入至JCAATs AI稽核軟體

- 點選檔案路徑,找到ACL專案檔後,點選「開啟」。

練習解答
4.4、請將ACL專案檔匯入至JCAATs AI稽核軟體
- ## Step2: 選擇資料檔案類型
  JCAATs會自動偵測檔案類型,確認無誤,點選「下一步」。

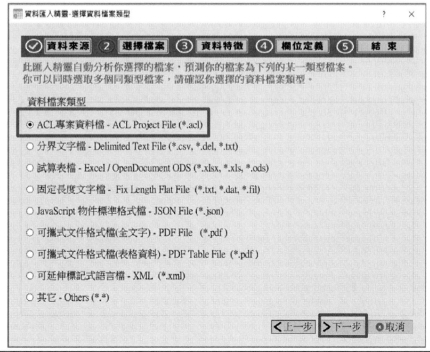

練習解答
4.4、請將ACL專案檔匯入至JCAATs AI稽核軟體
■ Step3:資料特徵：

JCAATs軟體會自動偵測檔案字元編碼方式，並於下方顯示判斷檔案編碼結果。可一次匯入多張Table，點選「選取全部資料表」或自行勾選需要匯入資料表後，點選「下一步」。

練習解答
4.4、請將ACL專案檔匯入至JCAATs AI稽核軟體
■ 資料特徵設定完畢後，點選「下一步」。

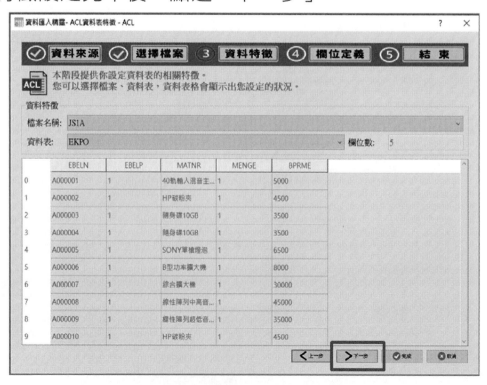

練習解答
4.4、請將ACL專案檔匯入至JCAATs AI稽核軟體
- **Step4: 欄位定義：**
可設定每個欄位的欄位名稱、顯示名稱、資料類型與資料格式，設定完畢後，選擇「下一步」。

161

練習解答
4.4、請將ACL專案檔匯入至JCAATs AI稽核軟體
- **Step5:確認資料檔路徑:**
資料檔路徑會預設為專案資料夾，若有需要可自行修改，確認正確路徑並檢視欄位設定資訊正確後，選擇「完成」。

162

練習解答

4.4、請將ACL專案檔匯入至JCAATs AI稽核軟體

- 完成資料匯入精靈引導之匯入各步驟後,完成ACL專案檔資料表匯入,請檢視匯入資料是否正確。

163

JCAATs 學習筆記:

隨堂練習

練習4.5、請練習將 Excel檔匯入到JCAATs 專案中。

練習4.6、請練習將分界文字檔(Delimited) 匯入到JCAATs
　　　　專案中。

練習4.7、請練習將固定長度文字檔(Flat File)匯入到JCAATs
　　　　專案中。

jacksoft | AI Audit Expert

練習解答4.5

請練習將 Excel檔匯入到JCAATs 專案中。
Credit_cards_metaphor.xls

練習解答

4.5、請練習將 Excel檔匯入到JCAATs AI稽核軟體
Step1:新增資料表: 選擇資料來源

- 「資料>新增資料表」。

- 選擇資料來源平台為「檔案」後，選擇「下一步」。

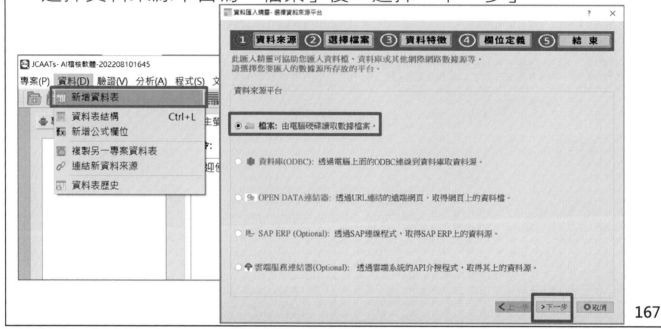

練習解答

4.5、請練習將 Excel檔匯入到JCAATs AI稽核軟體

- 選取需要匯入的檔案: Credit_cards_metaphor.xls

- 點選「開啟」

練習解答

4.5、請練習將 Excel檔匯入到JCAATs AI稽核軟體

Step2: 選擇資料檔案類型:

JCAATs軟體會自動偵測檔案類型,確認無誤即可點選「下一步」

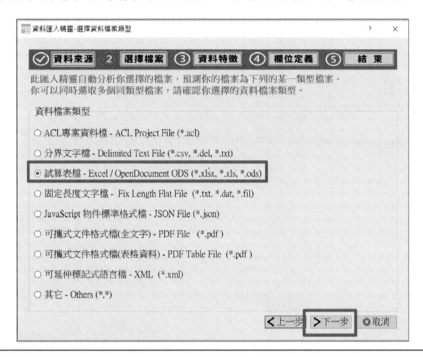

169

練習解答

4.5、請練習將 Excel檔匯入到JCAATs AI稽核軟體

- 可以匯入單一資料表,也可選擇多個資料表一起匯入,
  勾選好後點選「下一步」。

170

練習解答

4.5、請練習將 Excel檔匯入到JCAATs AI稽核軟體

- **Step3: 確認資料特徵:**
  請確認首行是否為欄位名稱，並可以指定開始行數，
  確認完畢點選「下一步」。

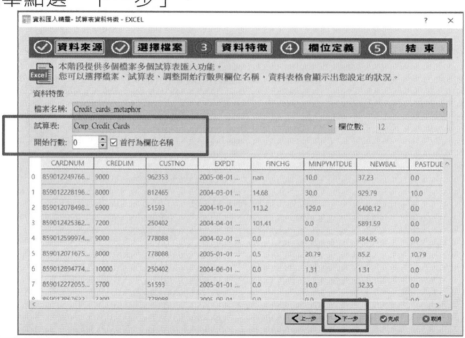

171

- **Step4:進行欄位定義:**
  可逐一設定每個欄位的欄位名稱、顯示名稱、資料類型與
  資料格式

172

練習解答
4.5、請練習將 Excel檔匯入到JCAATs AI稽核軟體

- 設定完畢後,選擇「下一步」。

173

練習解答
4.5、請練習將 Excel檔匯入到JCAATs AI稽核軟體
- ### Step5:確認資料檔路徑:
資料檔路徑會預設為專案資料夾,若有需要可自行修改,確認正確路徑並檢視欄位設定資訊正確後,選擇「完成」。

174

練習解答

4.5、請練習將 Excel檔匯入到JCAATs AI稽核軟體

- 完成Excel檔案匯入。
- 檢視匯入檔案筆數及各欄位資訊是否順利匯入。

175

練習解答4.6

請練習將分界文字檔(Delimited Text File) 匯入到JCAATs 專案中。

Employees.csv
Payment_0.CSV與Payment_1.CSV
Company_Departments.txt

176

練習解答

4.6.1、請匯入 Employees.csv 至 JCAATs _1 專案中

- JCAATs會自動偵測檔案類型
- 確認無誤即點選「下一步」

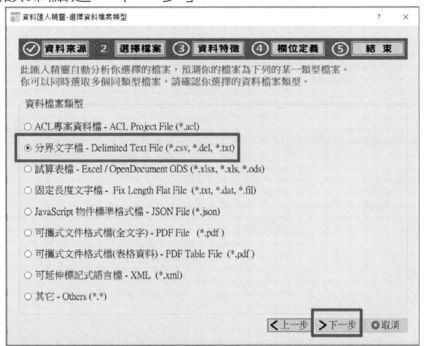

練習解答

4.6.1、請匯入 Employees.csv 至 JCAATs _1 專案中

- JCAATs會自動偵測檔案字元編碼方式
- 點選「下一步」

練習解答

4.6.1、請匯入 Employees.csv 至 JCAATs _1 專案中

- 欄位定義：可設定每個欄位的欄位名稱、顯示名稱、資料類型與
  資料格式，設定完畢後選擇「下一步」

179

練習解答

4.6.1、請匯入 Employees.csv 至 JCAATs _1 專案中

- 匯入檔案的資料檔路徑會預設為專案資料夾
- 確認欄位格式與型態等資訊，若沒問題選擇「完成」

180

練習解答
4.6.1、請匯入 Employees.csv 至 JCAATs _1 專案中

- 待匯入進度完成,即可看到資料表成功匯入。

專案(P) 資料(D) 驗證(V) 分析(A) 程式(S) 文字探勘(T) 機器學習(M) 報表(R) 抽樣(O) 工具(K) 說明(H)

	First_Name	Last_Name	CardNum	EmpNo	HireDate	Salary	Bonus_2002
0	Leila	Remlawi	8590122497663807	000008	12/28/1997	52750	1405.40
1	Vladimir	Alexov	8590122281964011	000060	10/05/1997	41250	4557.43
2	Matthew	Lee	8590120784984566	000100	03/31/1999	38250	651.19
3	Alex	Williams	8590124253621744	000104	08/12/2001	40175	7460.02
4	Narinder	Singh	8590125999743363	000146	09/09/1999	32250	6990.75
5	Albert	Schmidt	8590120716753180	000157	09/26/2002	36170	836.98
6	Mohan	Parhar	8590128947747852	000161	08/10/2000	69750	4455.37
7	Nicole	Levy	8590122720558982	000172	06/15/2002	46150	1838.97
8	Jeanette	Wallace	8590128676326319	000180	05/11/1995	46500	952.81
9	Will	Harris	8590124781270125	000201	11/30/2001	79250	9722.57
10	Nils	Chiaro	8590121762084715	000210	07/23/1996	43800	7483.63
11	James	Lee	8590129593164703	000222	12/11/1998	88420	8922.35
12	Heidi	Wiebe	8590127307204051	000230	02/07/1995	75280	8555.14
13	Pamela	Coverly	8590121282195395	000253	10/06/1996	62250	2167.31
14	Denise	Nieweler	8590121300586153	000269	09/10/1997	44680	7340.07
15	Hugh	Vanda	8590127188365686	000277	07/02/2002	31340	1972.33

Employees   筆數:200

181

練習解答
4.6.2、請練習匯入多個CSV 檔案至 JCAATs 專案。
Step1:新增資料表: 選擇資料來源

- 「資料>新增資料表」。
- 選擇資料來源平台為「檔案」後,選擇「下一步」。

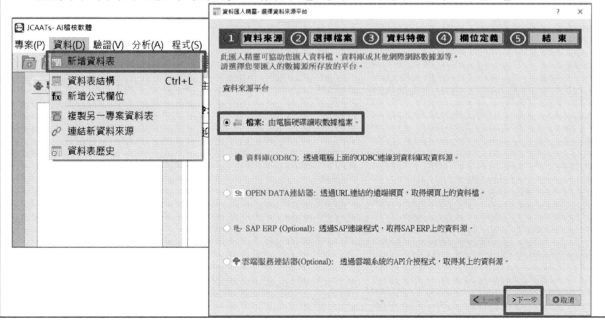

專案(P) 資料(D) 驗證(V) 分析(A) 程式(S)

- 新增資料表
- 資料表結構   Ctrl+L
- 新增公式欄位
- 複製另一專案資料表
- 連結新資料來源
- 資料表歷史

資料匯入精靈- 選擇資料來源平台

① 資料來源 ② 選擇檔案 ③ 資料特徵 ④ 欄位定義 ⑤ 結束

此匯入精靈可協助您匯入資料檔、資料庫或其他網際網路數據源等。
請選擇您要匯入的數據源所存放的平台。

資料來源平台

◉ 檔案: 由電腦硬碟讀取數據檔案。

○ 資料庫(ODBC): 透過電腦上面的ODBC連線到資料庫取資料源。

○ OPEN DATA連結器: 透過URL連結的遠端網頁,取得網頁上的資料檔。

○ SAP ERP (Optional): 透過SAP連線程式,取得SAP ERP上的資料源。

○ 雲端服務連結器(Optional): 透過雲端系統的API介接程式,取得其上的資料源。

< 上一步 > 下一步 ⊘ 取消

182

練習解答
4.6.2、請練習匯入多個CSV 檔案至 JCAATs 專案。

- 請選取要匯入之 Payment_0.CSV 與 Payment_1.CSV檔案。
- 點選「開啟」。

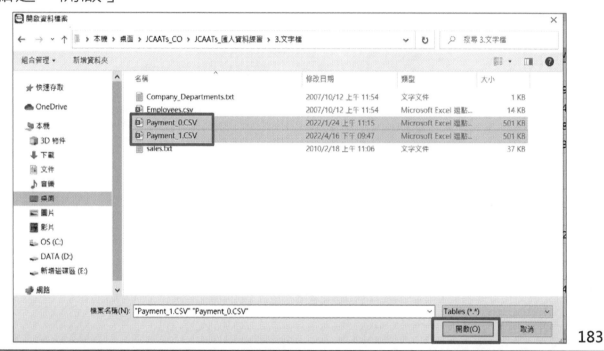

183

練習解答
4.6.2、請練習匯入多個CSV 檔案至 JCAATs 專案。
Step2: 選擇資料檔案類型:
JCAATs會自動偵測檔案類型，確認無誤即可點選「下一步」。

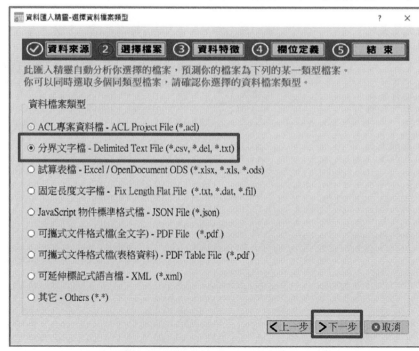

184

練習解答

4.6.2、請練習匯入多個CSV 檔案至 JCAATs 專案。

- Step3: 確認資料特徵:
  逐一設定資料檔分隔符號為「Tab」，勾選首行為欄位名稱，
  開始行數設定為0，設定完畢後，點選「下一步」。

185

練習解答

4.6.2、請練習匯入多個CSV 檔案至 JCAATs 專案。

- Step4:進行欄位定義:
  逐一設定每個資料表欄位的欄位名稱、顯示名稱、資料類型與
  資料格式，設定完畢後，選擇「下一步」。

186

練習解答

4.6.2、請練習匯入多個CSV 檔案至 JCAATs 專案。

■ Step5:確認資料檔路徑:
資料檔路徑會預設為專案資料夾，若有需要可自行修改，確認正確路徑並檢視欄位設定資訊正確後，選擇「完成」。

187

練習解答

4.6.2、請練習匯入多個CSV 檔案至 JCAATs 專案。

■ 待匯入進度完成，即可看到共有兩個資料表成功匯入。

188

練習解答
4.6.3、請匯入 Company_Departments.txt
　　　至 JCAATs _1 專案中

- 點「資料>新增資料表」
- 選擇資料來源平台為「檔案」
- 選擇下一步

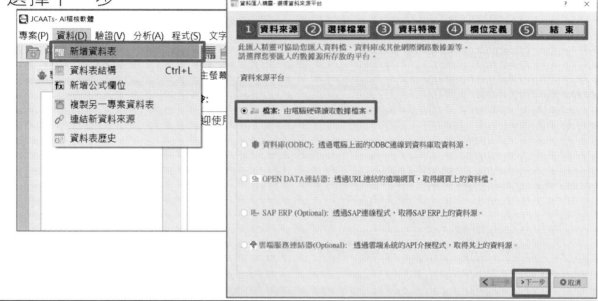

練習解答
4.6.3、請匯入 Company_Departments.txt
　　　至 JCAATs _1 專案中

- JCAATs會自動偵測檔案類型，可自行改選為「分界文字檔」會較容易完成匯入
- 確認無誤即點選「下一步」

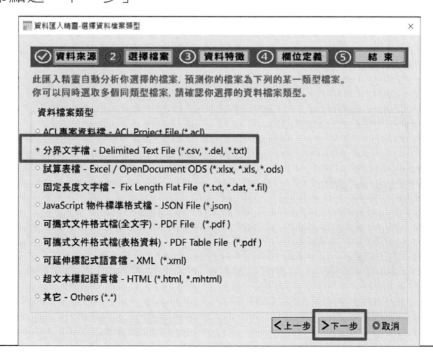

練習解答
4.6.3、請匯入 Company_Departments.txt
至 JCAATs_1 專案中

■ **資料特徵**：會自行判斷檔案編碼方式，取消勾選「首行為欄位名稱」，選擇分隔符號為「Tab」，設定完畢後點選「下一步」。

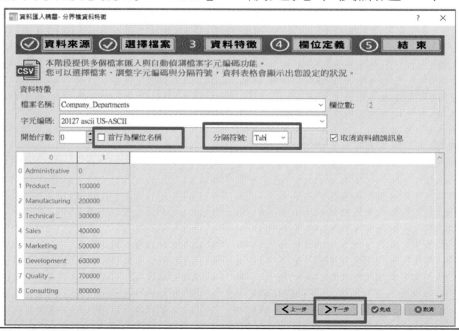

191

練習解答
4.6.3、請匯入 Company_Departments.txt
至 JCAATs_1 專案中

■ **欄位定義**：可設定每個欄位的欄位名稱、顯示名稱、資料類型與**資料格式**，設定完畢後選擇「下一步」。

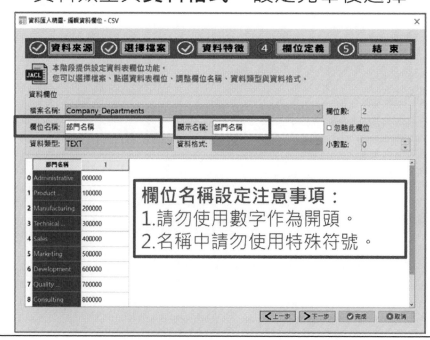

欄位名稱設定注意事項：
1.請勿使用數字作為開頭。
2.名稱中請勿使用特殊符號。

192

練習解答
4.6.3、請匯入 Company_Departments.txt
至 JCAATs _1 專案中

- 匯入進度完成，即可看到資料表成功匯入。

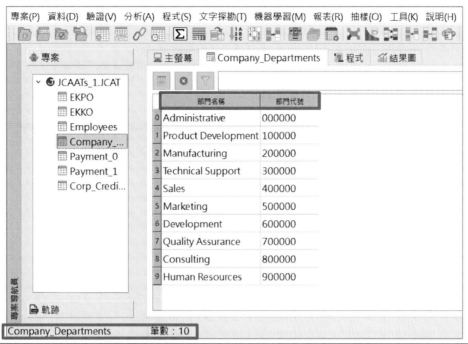

193

請練習將:

固定長度文字檔(Flat File)
匯入到JCAATs 專案中。
sales.txt

194

練習解答
4.7 、請將固定長度文字檔(Flat File)
匯入到JCAATs 專案中。

- 點「資料>新增資料表」
- 選擇資料來源平台為「檔案」
- 選擇下一步

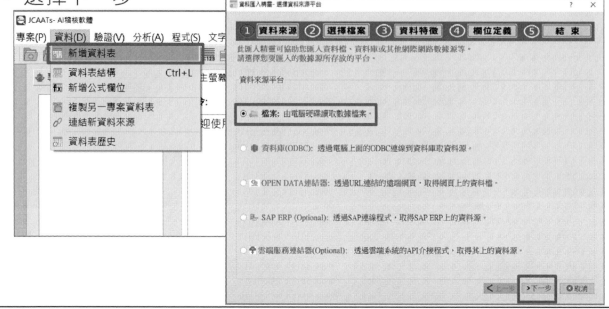

195

練習解答
4.7 、請練習將固定長度文字檔(Flat File)
匯入到JCAATs 專案中。

- sales.txt自動偵測出檔案類型，確認無誤即點選「下一步」

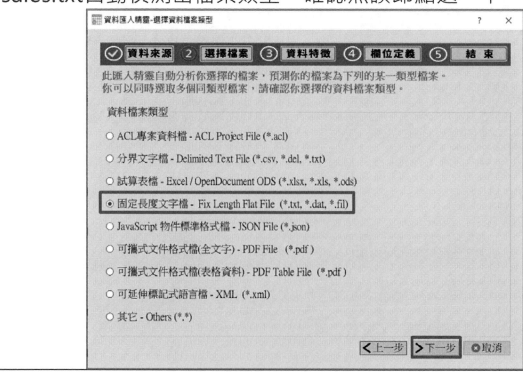

196

練習解答
4.7 、請將sales.txt匯入到JCAATs 專案中。
- 點選增加欄位位置按鈕 ➕，並設定資料長度為「30」。
- 點選「確定」。

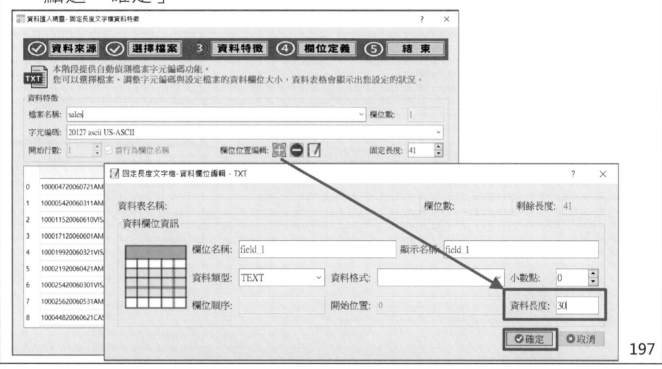

197

練習解答
4.7 、請將sales.txt匯入到JCAATs 專案中。
- 確認欄位是否完整切出。
- 點選「下一步」。

198

練習解答
4.7 、請將sales.txt匯入到JCAATs 專案中。

- 欄位定義：可設定每個欄位的欄位名稱、顯示名稱、資料類型與資料格式，設定完畢後選擇「下一步」

199

練習解答
4.7 、請將sales.txt匯入到JCAATs 專案中。

- 匯入檔案的資料檔路徑會預設為專案資料夾
- 確認欄位格式與型態等資訊，若沒問題選擇「完成」

200

練習解答

4.7 、請將sales.txt匯入到JCAATs 專案中。

- 待匯入進度完成，即可看到資料表成功匯入。

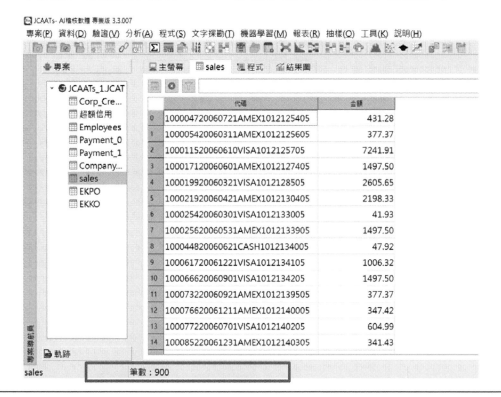

隨堂練習

練習4.8、請練習將OpenDocument (ODS)匯入到JCAATs 專案中。

練習4.9、請練習將JSON匯入到JCAATs 專案中。

練習4.10、請練習將PDF匯入到JCAATs 專案中。

jacksoft | AI Audit Expert

練習解答4.8

請練習將OpenDocument (ODS)匯入到
JCAATs 專案中。
11102外僱及僱外案件數與人數.ods

203

練習解答
4.8、請匯入 11102外僱及僱外案件數與人數.ods
　　　至 JCAATs _1 專案中

- 點「資料>新增資料表」
- 選擇資料來源平台為「檔案」
- 選擇下一步

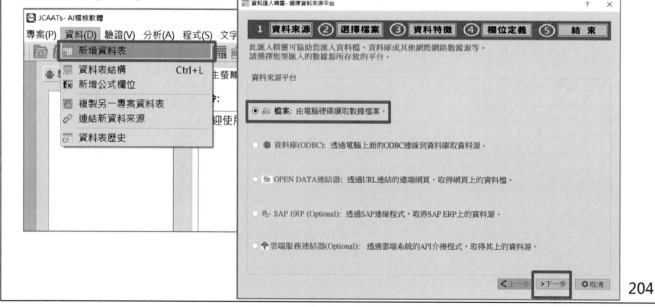

204

練習解答

4.8、請匯入 11102外僱及僱外案件數與人數.ods 至 JCAATs _1 專案中

- 點選路徑JCAATs_CO/DATA下的11102外僱及僱外案件數 與人數.ods
- 點選「開啟」

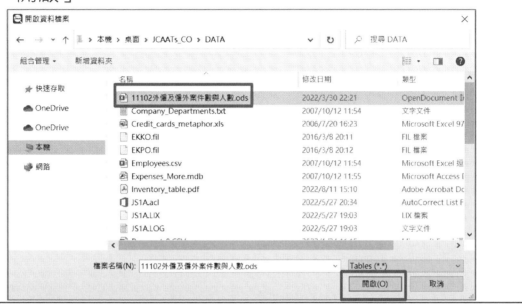

練習解答

4.8、請匯入 11102外僱及僱外案件數與人數.ods 至 JCAATs _1 專案中

- JCAATs會自動偵測檔案類型
- 確認無誤即點選「下一步」

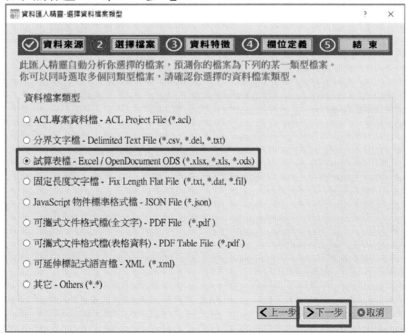

練習解答

4.8、請匯入 11102外僱及僱外案件數與人數.ods 至 JCAATs _1 專案中

- 請選取11102,並點選「下一步」

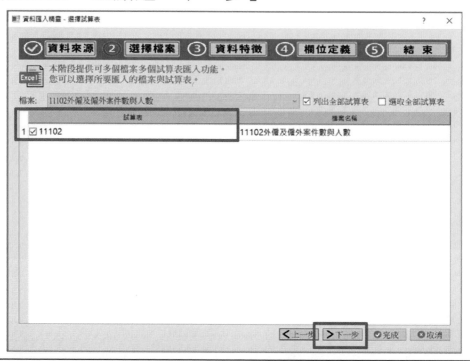

練習解答

4.8、請匯入 11102外僱及僱外案件數與人數.ods 至 JCAATs _1 專案中

- 請點選「下一步」

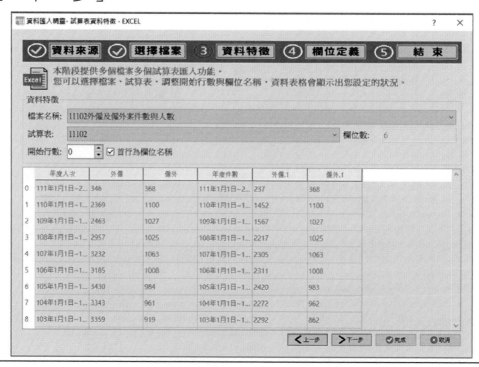

練習解答
4.8、請匯入 11102外僱及僱外案件數與人數.ods
　　　至 JCAATs _1 專案中

- 欄位定義：可設定每個欄位的欄位名稱、顯示名稱、資料類型與資料格式，設定完畢後選擇「下一步」

練習解答
4.8、請匯入 11102外僱及僱外案件數與人數.ods
　　　至 JCAATs _1 專案中

- 匯入檔案的資料檔路徑會預設為專案資料夾
- 確認資料表名稱與欄位格式與型態等資訊，沒問題選擇「完成」

*數字開頭
之資料表
名稱請記
得做修改

練習解答
4.8、請匯入 11102外僱及僱外案件數與人數.ods 至 JCAATs _1 專案中

- 待匯入進度完成,即可看到資料表成功匯入。

	年度人次	外僱	僱外	年度件數	外僱1	僱外1
0	111年1月1日~2月28日	346	368	111年1月1日~2月28日	237	368
1	110年1月1日~12月31日	2369	1100	110年1月1日~12月31日	1452	1100
2	109年1月1日~12月31日	2463	1027	109年1月1日~12月31日	1567	1027
3	108年1月1日~12月31日	2957	1025	108年1月1日~12月31日	2217	1025
4	107年1月1日~12月31日	3232	1063	107年1月1日~12月31日	2305	1063
5	106年1月1日~12月31日	3185	1008	106年1月1日~12月31日	2311	1008
6	105年1月1日~12月31日	3430	984	105年1月1日~12月31日	2420	983
7	104年1月1日~12月31日	3343	961	104年1月1日~12月31日	2272	962
8	103年1月1日~12月31日	3359	919	103年1月1日~12月31日	2292	862
9	102年1月1日~12月31日	3160	1044	102年1月1日~12月31日	2236	909
10	101年1月1日~12月31日	3387	894	101年1月1日~12月31日	2240	797

ODS匯入練習   筆數:15

211

jacksoft | AI Audit Expert
www.jacksoft.com.tw

練習解答4.9

Copyright © 2023 JACKSOFT.

請練習將JSON匯入到JCAATs 專案中。
superHeroes.JSON

212

練習解答
4.9、請匯入superHeroes.JSON至 JCAATs _1 專案中

- 點「資料>新增資料表」
- 選擇資料來源平台為「檔案」
- 選擇下一步

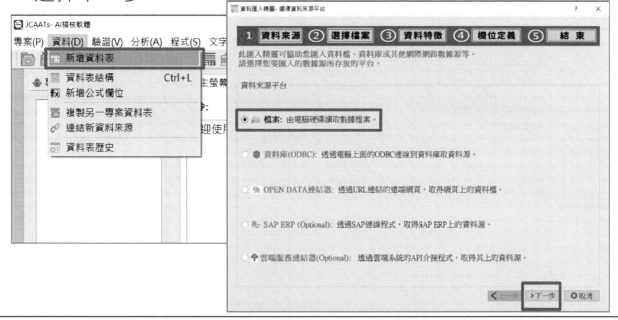

213

練習解答
4.9、請匯入superHeroes.JSON至 JCAATs _1 專案中
- 選擇superHeroes.JSON檔案後開啟
- JCAATs會自動偵測檔案類型，確認無誤即點選「下一步」

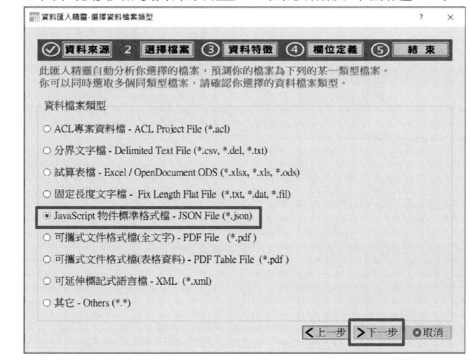

214

練習解答
4.9、請匯入superHeroes.JSON至 JCAATs _1 專案中
- 資料特徵：會自行判斷字元編碼方式，內容會顯示於下方。
- 設定完畢後點選「下一步」

練習解答
4.9、請匯入superHeroes.JSON至 JCAATs _1 專案中
- 欄位定義：可設定每個欄位的欄位名稱、顯示名稱、資料類型與資料格式，設定完畢後選擇「下一步」

練習解答

4.9、請匯入superHeroes.JSON至 JCAATs _1 專案中

- 匯入檔案的資料檔路徑會預設為專案資料夾
- 確認欄位格式與型態等資訊,若沒問題選擇「完成」

217

練習解答

4.9、請匯入superHeroes.JSON至 JCAATs _1 專案中

- 待匯入進度完成,即可看到資料表成功匯入。

218

練習解答4.10

Copyright © 2023 JACKSOFT.

請練習將PDF匯入到JCAATs 專案中。

汽車買賣定型化契約範本.pdf
Inventory_table.pdf
共十個裁罰案.pdf檔案多檔匯入

219

JCAATs-AI Audit Software

Copyright © 2023 JACKSOFT.

練習解答

4.10.1、請匯入 汽車買賣定型化契約範本.pdf至專案中

- 點「資料>新增資料表」
- 選擇資料來源平台為「檔案」
- 選擇下一步

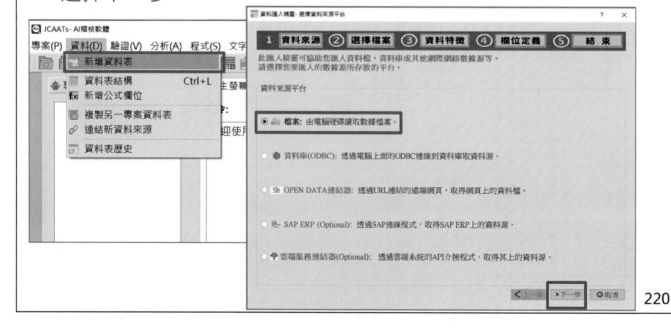

220

練習解答
4.10.1、請匯入 汽車買賣定型化契約範本.pdf至專案中

- 選擇汽車買賣定型化契約範本.pdf
- 點選「開啟」

221

練習解答
4.10.1、請匯入 汽車買賣定型化契約範本.pdf至專案中

- JCAATs會自動偵測檔案類型
- 確認無誤即點選「下一步」

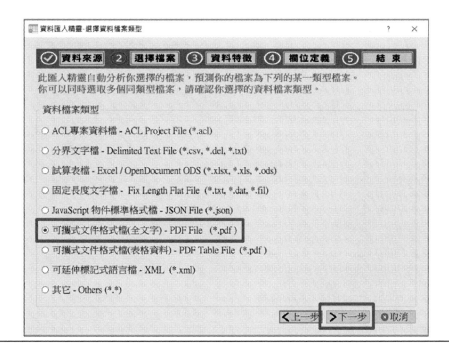

222

練習解答
4.10.1、請匯入 汽車買賣定型化契約範本.pdf至專案中

- 資料特徵：會自行判斷檔案編碼方式，內容會顯示於下方。
- 設定完畢後點選「下一步」

223

練習解答
4.10.1、請匯入 汽車買賣定型化契約範本.pdf至專案中

- 欄位定義：可設定每個欄位的欄位名稱、顯示名稱、資料類型與資料格式，設定完畢後選擇「下一步」

224

練習解答
4.10.1、請匯入 汽車買賣定型化契約範本.pdf至專案中

- 匯入檔案的資料檔路徑會預設為專案資料夾
- 確認欄位格式與型態等資訊，若沒問題選擇「完成」

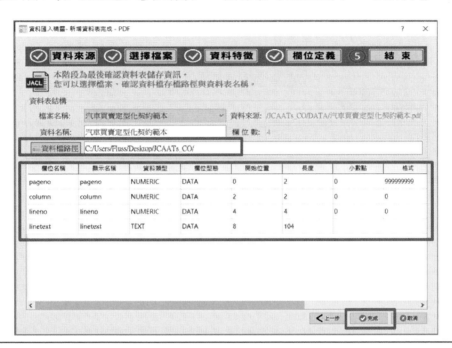

225

練習解答
4.10.1、請匯入 汽車買賣定型化契約範本.pdf至專案中

- 待匯入進度完成，即可看到資料表成功匯入。

226

練習解答
4.10.2、請匯入Inventory_table.pdf至專案中

- 點「資料>新增資料表」
- 選擇資料來源平台為「檔案」
- 選擇下一步

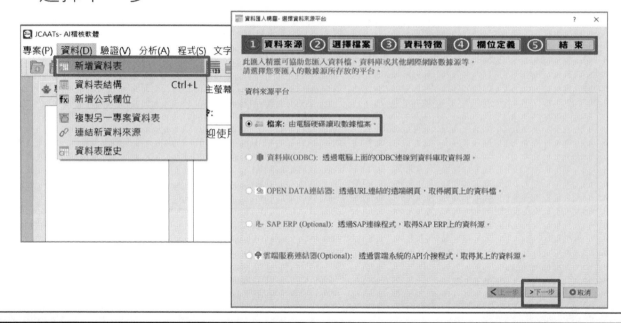

227

練習解答
4.10.2、請匯入Inventory_table.pdf至專案中

- 選擇Inventory_table.pdf，後點選「開啟」

> Inventory_table.pdf
> 三商美邦_20211104.pdf
> 上海商銀_20211229.pdf
> 上新保代_20210722.pdf
> 中小企銀_20211230.pdf
> 中小企銀_20220121.pdf
> 元大人壽_20210827.pdf
> 元大保代_20210827.pdf
> 元大商銀_20210827.pdf
> 友邦人壽_20211230.pdf
> 太孚保代_20211230.pdf
> 汽車買賣定型化契約範本.pdf

228

練習解答
4.10.2、請匯入Inventory_table.pdf至專案中

- 請點選「PDF_Table表格資料」後,點選「下一步」

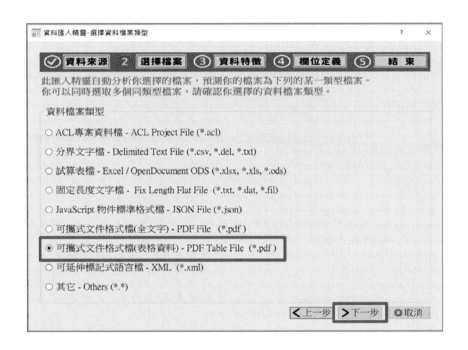

229

練習解答
4.10.2、請匯入Inventory_table.pdf至專案中

- JCAATs會自動偵測檔案字元編碼方式
- 且可一次匯入多張Table,點選「選取全部資料表」
- 點選「下一步」

230

練習解答

4.10.2、請Inventory_table.pdf至專案中

- 資料特徵：會自行判斷檔案編碼方式，內容會顯示於下方。
- **首行為欄位名稱**，設定完畢後點選「下一步」

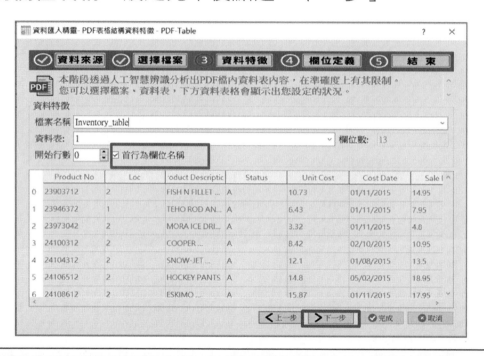

231

練習解答

4.10.2、請匯入Inventory_table.pdf至專案中

- 欄位定義：可設定每個欄位的欄位名稱、顯示名稱、資料類型與資料格式，設定完畢後選擇「下一步」

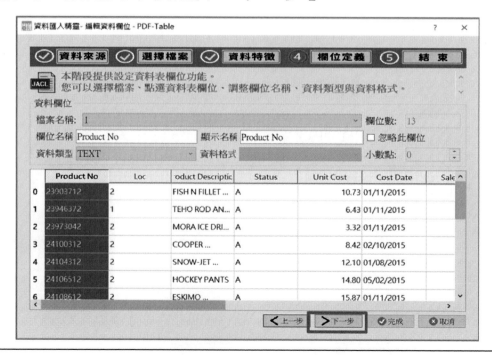

232

練習解答
4.10.2、請匯入Inventory_table.pdf至專案中

- 匯入檔案的資料檔路徑會預設為專案資料夾
- 確認欄位格式與型態等資訊，若沒問題選擇「完成」

233

練習解答
4.10.2、請匯入Inventory_table.pdf至專案中

- 待匯入進度完成，即可看到資料表成功匯入。

234

練習解答
4.10.3、請一次匯入10個裁罰案PDF檔案至專案中

- 點「資料>新增資料表」
- 選擇資料來源平台為「檔案」
- 選擇下一步

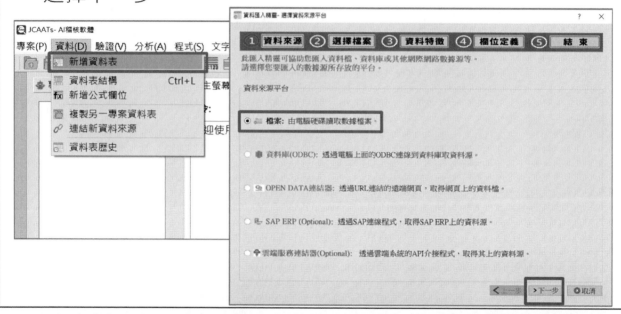

練習解答
4.10.3、請一次匯入10個裁罰案PDF檔案至專案中

- 點選路徑JCAATs_CO/DATA下的裁罰案件相關PDF共10個
- 點選「開啟」

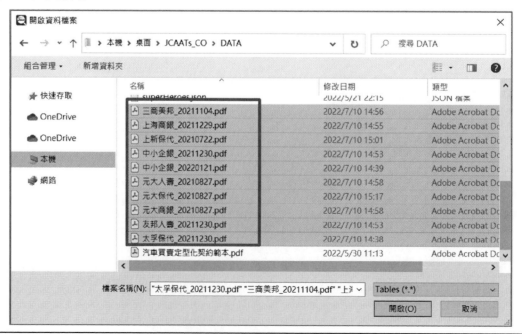

練習解答
4.10.3、請一次匯入10個裁罰案PDF檔案至專案中

- JCAATs會自動偵測檔案類型，確認檔案類型為「PDF全文字」
- 確認無誤即點選「下一步」

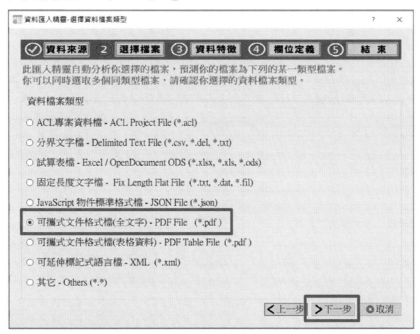

練習解答
4.10.3、請一次匯入10個裁罰案PDF檔案至專案中

- 資料特徵：會自行判斷檔案編碼方式，內容會顯示於下方。
- 設定完畢後點選「下一步」

練習解答
4.10.3、請一次匯入10個裁罰案PDF檔案至專案中

- 欄位定義：可設定每個欄位的欄位名稱、顯示名稱、資料類型與資料格式，設定完畢後選擇「下一步」

239

練習解答
4.10.3、請一次匯入10個裁罰案PDF檔案至專案中

- 匯入檔案的資料檔路徑會預設為專案資料夾
- 確認欄位格式與型態等資訊，若沒問題選擇「完成」

240

練習解答
4.10.3、請一次匯入10個裁罰案PDF檔案至專案中

- 待匯入進度完成，即可看到資料表成功匯入。

241

隨堂練習

練習4.11、請練習將XML匯入到JCAATs 專案中。

練習4.12、OPEN DATA資料匯入-美國財政部SDN 制裁名單。

練習4.13、 OPEN DATA資料匯入-政府採購網公告拒往名單。

242

練習解答4.11

Copyright © 2023 JACKSOFT.

請練習將XML匯入到JCAATs 專案中
sdn.xml

243

練習解答
4.11、請匯入 sdn.xml 至 專案中

- 點「資料>新增資料表」
- 選擇資料來源平台為「檔案」
- 選擇下一步

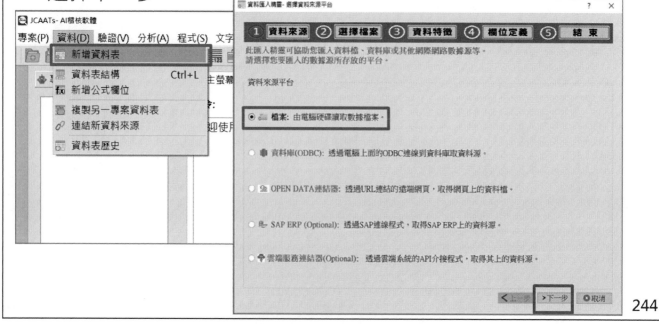

244

練習解答
4.11、請匯入 sdn.xml 至 專案中

- 選擇sdn.xml 檔案後開啟
- JCAATs會自動偵測檔案類型,確認無誤即點選「下一步」

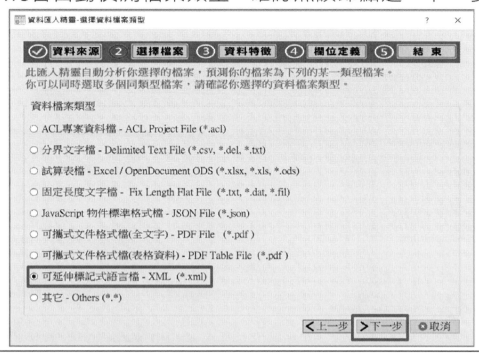

245

練習解答
4.11、請匯入 sdn.xml 至 專案中

- XML有多個不同資料結構,勾選「sdnEntry」後, 點選「下一步」。

246

練習解答
4.11、請匯入 sdn.xml 至 專案中

- 點選「下一步」。

247

練習解答
4.11、請匯入 sdn.xml 至 專案中

- 欄位定義：可設定每個欄位的欄位名稱、顯示名稱、資料類型與資料格式，設定完畢後選擇「下一步」

248

練習解答
4.11、請匯入 sdn.xml 至 專案中

- 匯入檔案的資料檔路徑會預設為專案資料夾
- 確認欄位格式與型態等資訊，若沒問題選擇「完成」

練習解答
4.11、請匯入 sdn.xml 至 專案中

- 待匯入進度完成，即可看到資料表成功匯入。

練習解答4.12

OPEN DATA資料匯入
美國財政部SDN 制裁名單

練習解答
4.12、OPEN DATA資料匯入-美國財政部SDN 制裁名單
外部資料匯入--OFAC SDN

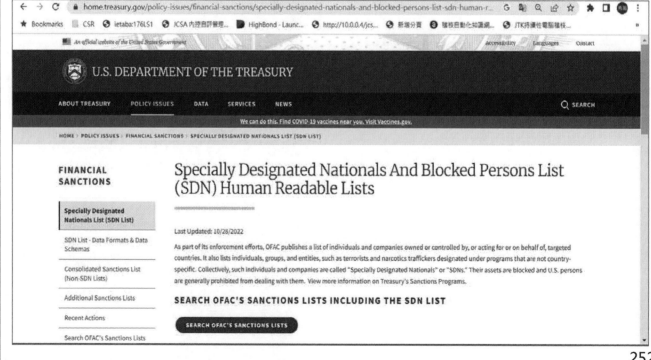

複製連結網址

253

資料匯入精靈—OPEN DATA連結器

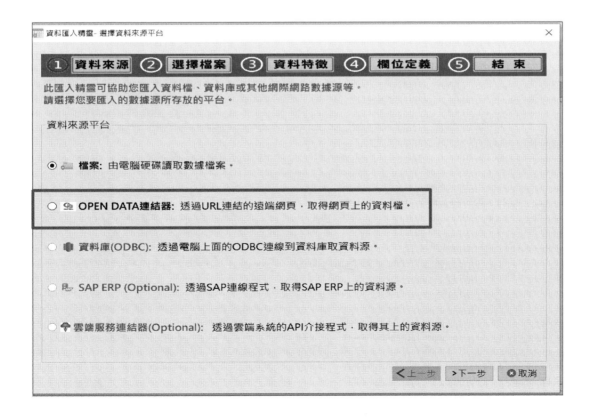

254

貼入公告資料網址與選擇檔案類型

選擇匯入資料表—SDN Entry

依照匯入精靈指引依序完成

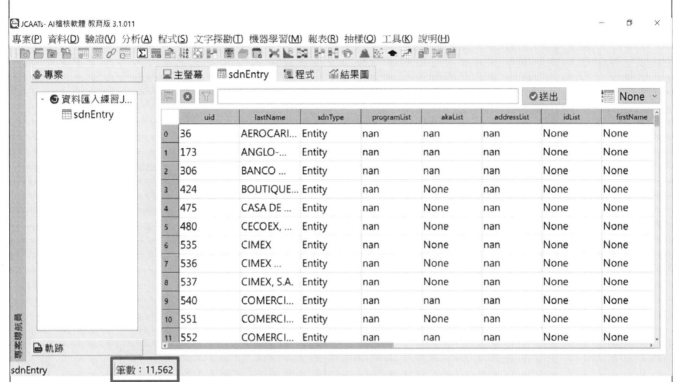

以上資料筆數會因為不同時間有所改變

jacksoft | AI Audit Expert

練習解答4.13

Copyright © 2023 JACKSOFT.

OPEN DATA資料匯入

政府採購網公告拒往名單

練習解答
4.13、OPEN DATA資料匯入-政府採購網公告拒往名單。

外部資料匯入—
政府採購網公告拒往名單

https://web.pcc.gov.tw/pis/prac/downloadGroupClient/readDownloadGroupClient?id=50003004

259

匯入結果

以上資料筆數會因為不同時間有所改變

260

jacksoft | AI Audit Expert

Copyright © JACKSOFT

Python Based 人工智慧稽核軟體

第五章

運算式

(Expression)

AI Audit Expert

Python Based 人工智慧稽核軟體

AI Audit Software
人工智慧新稽核

Copyright © 2023 JACKSOFT.

JCAATs AI 稽核軟體
第五章 運算式(Expression)

261

JCAATs-AI Audit Software

Copyright © 2023 JACKSOFT.

資料分析作業的要素：

- 指令　　　(Commands)
- 運算式　(Expressions)
  - --篩選器　　　(Filters)
  - --公式欄位　(Computed fields)
- 函數　　　(Functions)
- 變數　　　(Variables)

262

資料分析要素：

- **指令 (Commands)**
- 運算式(Expressions)
  - --篩選器 (Filters)
  - --公式欄位 (Computed fields)
- 函數 (Functions)
- 變數 (Variables)

指令 Commands

➢ 針對資料分析或機器學習目的預先定義之程序
Predefined routines that can be used for Data Analytical or Machine Learning purposes.

➢ 指令內有些參數是可自行選擇
Some parameters are optional.

➢ 指令可於選單目錄或工具列下挑選
Most Commands are located under the menu bar or tool bar.

➢ 結果可以顯示於資料表、螢幕或結果圖
Results can be sent to table, screen, or graph.

263

資料分析要素：

- 指令 (Commands)
- **運算式(Expressions)**
  - --篩選器 (Filters)
  - --公式欄位 (Computed fields)
- 函數 (Functions)
- 變數 (Variables)

運算式 Expressions

➢ 用來產生篩選或公式欄位之語法。
Statements used to create filters or computed fields.

➢ 篩選器產生邏輯條件(True/False)。
Filters create logical conditions (True/False).

➢ 公式欄位將運算式執行結果顯示到資料表中，實際資料並未存於資料表中。
Computed fields will execute the expression and values that don't exist in the table file.

264

資料分析要素：

- 指令　(Commands)
- 運算式(Expressions)
  --篩選器　　(Filters)
  --公式欄位 (Computed fields)
- **函數　(Functions)**
- 變數　(Variables)

> 函數 Functions
> ➢可在運算式中使用的系統已預先設計好的功能程式。
> Predefined routines that are incorporated into expressions.
> ➢約100個函數可以使用。
> There are about 100 functions that can be used to achieve either simple or complex objectives.

資料分析要素：

- 指令　(Commands)
- 運算式(Expressions)
  --篩選器　　(Filters)
  --公式欄位 (Computed fields)
- 函數　(Functions)
- **變數　(Variables)**

> 變數 Variables
> 相當於資料的標籤，我們可透過變數來操作資料。它可以存放字元、數值、日期或邏輯的資料。
>
> Named memory space that stores data. It can be character, numeric, date, or logical type.

運算式 Expressions

- 運算子及值之執行
  (Set of operators and
  values used to perform)：
  - 計算 Calculations
  - 特定邏輯條件
    Specify logical
    conditions
  - 產生未存在於資料中之值
    Create values that don't
    exist in data

- 運算式可以由下列所組成：
  - 資料欄位 Data fields
  - 運算子 Operators
  - 常數 Constants
  - 函數 Functions
  - 變數 Variables

運算式 – 篩選器及計算欄位：

決策：當建置一個運算式時，其結果為一個篩選器或公式欄位？

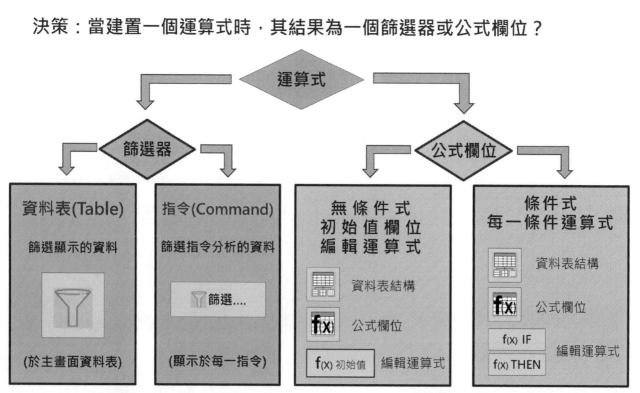

不須指定名稱　　　　　　　　　須指定名稱

篩選器 Filters

- 為邏輯運算
  A logical expression – true (T) or false (F)

- 可選擇所需資料
  Let you select the data you work with

- 與搜尋相似
  Similar to a query

- 兩種類型之篩選器 Two kinds of filters：
  - 全域性 Global
  - 區域性 Command

- 全域性篩選器可以使用
  Global filters can also be activated using：
  - 快速篩選器 Quick Filter

269

公式欄位 Computed Fields

- 是存放一個運算式的欄位。

- 此欄位非實際存於原始資料檔上欄位。

- 開啟資料表時，其欄位運算式才會執行，並將出運算結果顯示於資料表上。

- 其執行結果不會影響或改變原始資料

- 公式欄位執行結果值可以是文字、數值、日期或邏輯

- 公式欄位主要的四個運用
  - 執行數學運算
  - 將欄位內之資料型態轉換
  - 用來作文字替換
  - 建置邏輯測試結果

270

運算式的圖標(icon)與顯示區：

專案(P)　資料(D)　驗證(V)　分析(A)　程式(S)　文字探勘(T)　機器學習(M)　報表(R)　抽樣(O)　工具(K)　說明(H)

篩選條件運算式編輯區　　　　　　　　　　⊘送出

設定資料篩選條件　　　　　　執行篩選條件

清除篩選條件

開啟資料表結構　　　　　　　依索引條件顯示資料

篩選條件運算式顯示區

271

1.設定篩選條件

272

篩選器使用介面：

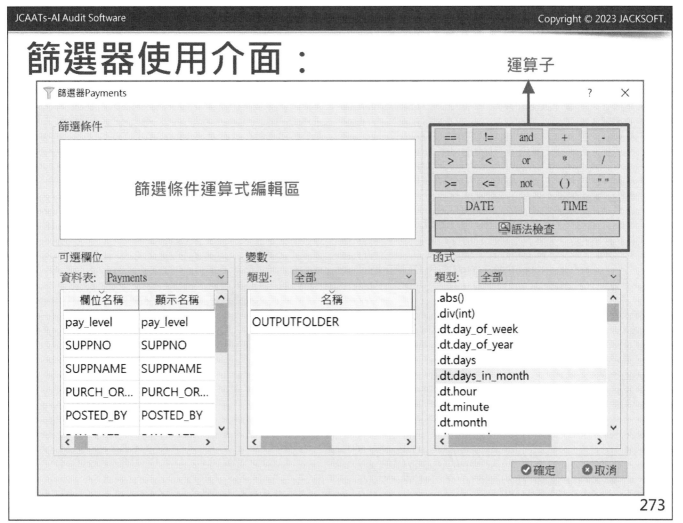

運算子

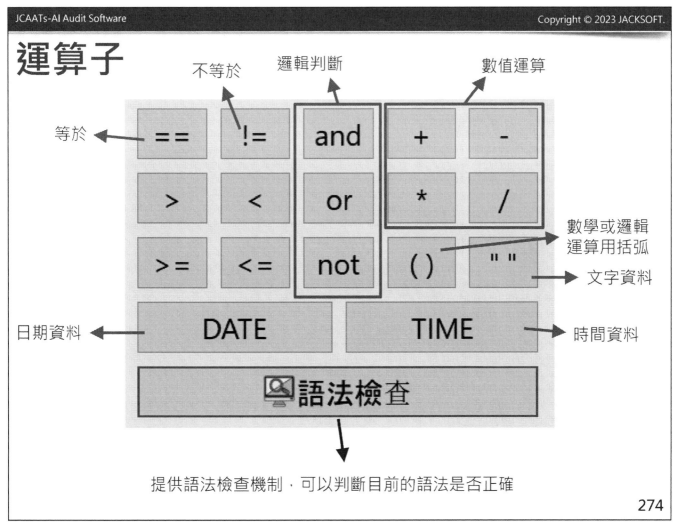

提供語法檢查機制，可以判斷目前的語法是否正確

函式語法：

1. **空參數**
   此類語法如：.dt.day_of_week、.dt.days、.dt.days_in_month等，其使用方法為將欄位名稱放於最前面，無須列出集合。
   →**範例**：SDATE.dt.day_of_week取得SDATE為一週的星期幾。
2. **無參數**
   此類語法大部分為數字欄位，如：.abs()、.max() 等，其使用方法為將欄位名稱放於最前面。
   →**範例**：PRICE.abs() 取得PRICE欄位的絕對值。
3. **單一文字參數**
   此類語法如：.str.match(pat)、 .str.extract("(pat)")、 .str.endswith(pat)、.str.startswith(pat)等，其使用方法為將欄位名稱放於最前面，於括弧內輸入一文字。
   →**範例**：CITY.str.match（"TAIPEI"），城市欄位首位字元起包含等於TAIPEI。
4. **單一整數參數**
   此類語法如：.div(int)、. round(int)、 .mod(int) 等，其使用方法為將欄位名稱放於最前面，於括弧內輸入一數字。
   →**範例**：PRICE.mod(2)取得PRICE欄位除以2的餘數。

275

函式語法：

5. **雙文字參數**
   此類語法如：.str.replace(pat, repl)，其使用方法為將欄位名稱放於最前面， 於括弧內輸入一文字，逗號後輸入第2串文字。
   →**範例**：CITY.str.replace("臺北", "台北")，將CITY欄位裡的臺北取代成台北。

6. **單一參數加一條件**
   此類語法如：.str.contains(pat, na=False) ， 其使用方法為將欄位名稱放於最前面，於括弧內輸入一文字，再依需求決定條件為True或False。
   →**範例**：ADDRESS.str.contains("TAIPEI", na=False)，地址包含TAIPEI，na=False意思為不包括空值。

7. **多參數**
   此類語法如：.str.slice(start=None, stop=None, step=None) ， 其使用方法為將欄位名稱放於最前面，於括弧內依參數輸入相應內容。
   →**範例**：ADDRESS.str.slice(0, 100, 3)，地址取0到100字，然後每3個字取一個字，"台北市大同區長安西路"會變為"台大長路"。

276

函式語法：

8. **欄位為參數的函式**
   函式@find(col, val)、@find_multi(col, [val]) 與.shift(col, int, up=False)，col為欄位，**val可放欄位、文字或變數**，使用方法如下：
   - @find(DESC, KEYWORD) DESC欄位有包含KEYWORD欄位的值
   - @find(ADDRESS, "TAIPEI") 地址有包含TAIPEI
   - @find_multi(DESC, [KEYWORD, "裁罰"]) DESC欄位有包含 KEYWORD欄位的值或是裁罰2字
   - @find_multi(ADDRESS, ["TAIPEI", "TAICHUNG"]) 地址有包含 TAIPEI、 TAICHUNG
   - .shift(Invoice_No, 1, up=False)取下一筆Invoice_No欄位資料。
   - .shift(Invoice_No, 1, up=True)取上一筆Invoice_No欄位資料。

> 篩選功能的函式， 其參數包含有 pat, int, 或val 均可以使用變數或常數，變數的使用方法為var(變數)。

函式語法：

JCAATs函式分為文字類、數學類、日期類、搜尋類、財金類、欄位類等。

可參考附件二 – 函式清單

函式 類型: 搜尋	函式 類型: 數學	函式 類型: 文字
.between(min, max)	.abs()	.str.capitalize()
.isin([values])	.div(int)	.str.count(pat)
.isna()	.floordiv(int)	.str.get(int)
.str.contains(pat, na=False)	.max()	.str.len()
.str.endswith(pat)	.mean()	.str.ljust(int, fillchar=' ')
.str.extract("(pat)")	.median()	.str.lower()
.str.findall("(pat)")	.min()	.str.lstrip()
.str.isalnum()	.mod(int)	.str.pad(int)
.str.isalpha()	.mode()	.str.replace(pat, repl)
.str.isdecimal()	.mul(int)	.str.rjust(int, fillchar=' ')
.str.isdigit()	.nlargest(int, keep='all')	.str.rstrip()
.str.islower()	.nsmallest(int, keep='all')	.str.slice(start=None, stop=None, step=None)
.str.isnumeric()	.pow(int)	.str.split(pat)
.str.isspace()	.round(int)	.str.strip()

函式語法:

JCAATs函式分為文字類、數學類、日期類、搜尋類、財金類、欄位類等。

可參考附件二 – 函式清單

篩選條件範例 (1)

請開啟DEMO專案檔,位於C:\JCAATs\JCAATs_Sample Project的DEMO.JCAT

篩選條件範例(2)

請開啟Payments資料表並篩選出在備註欄位(MEMO)包含"Gold"資料?

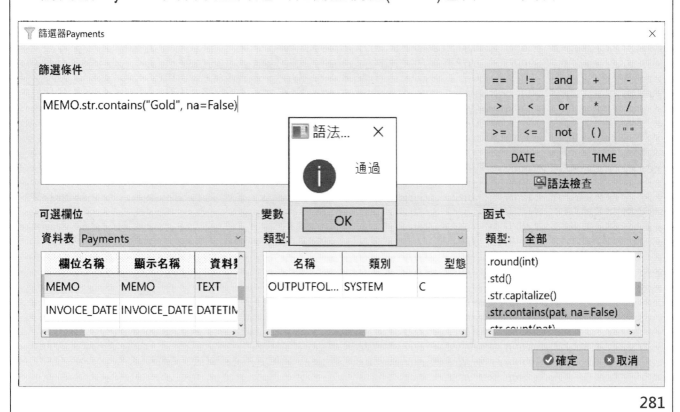

篩選條件範例(3)

按下送出，則資料表顯示結果。 狀態列顯示筆數和篩選條件。

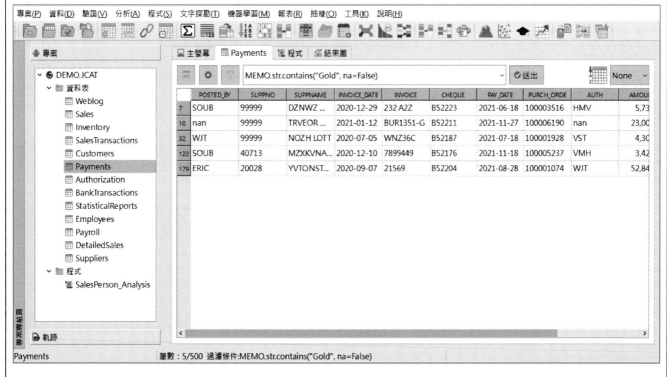

2.開啟資料結構 與新增公式欄位

開啟新增公式欄位

有多個方法可以開啟新增公式欄位,主要可以透過在Menu或主畫面的資料表結構上的公式欄位按鈕

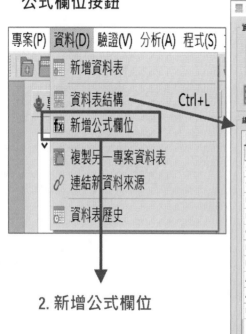

新增公式欄位介面

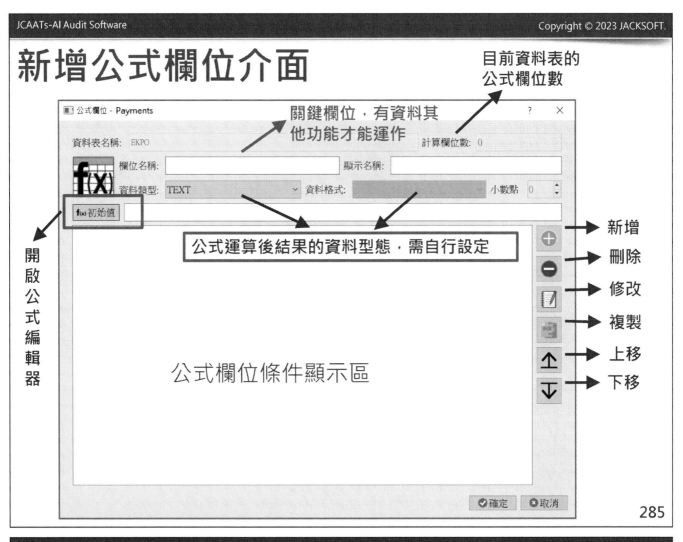

目前資料表的
公式欄位數

關鍵欄位，有資料其
他功能才能運作

開啟公式編輯器

公式運算後結果的資料型態，需自行設定

公式欄位條件顯示區

新增
刪除
修改
複製
上移
下移

285

條件設定器(欄位名稱資訊位帶入到欄位條件值設定介面)

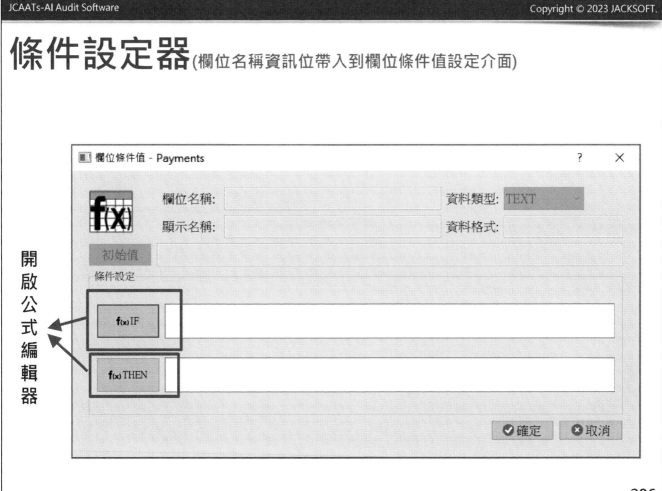

開啟公式編輯器

286

公式編輯器

運算子

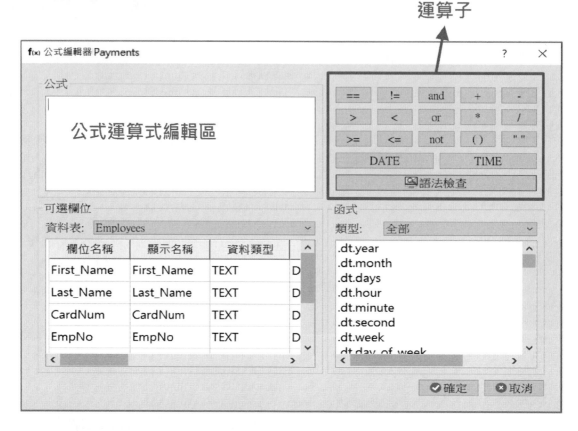

新增公式欄位範例

新增一 公式欄位pay_level，初始為 pay_level = "C"。
IF AMOUNT > 50000 THEN pay_level = "A"，
IF AMOUNT > 10000 AND AMOUNT <=50000 THEN pay_level = "B"

設定初始值

設定條件

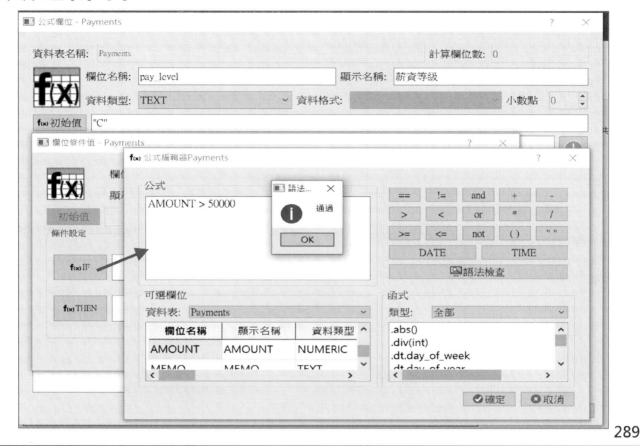

設定條件結果值

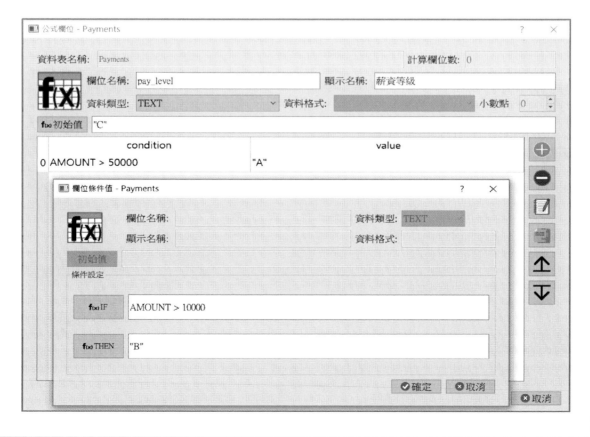

公式欄位範例

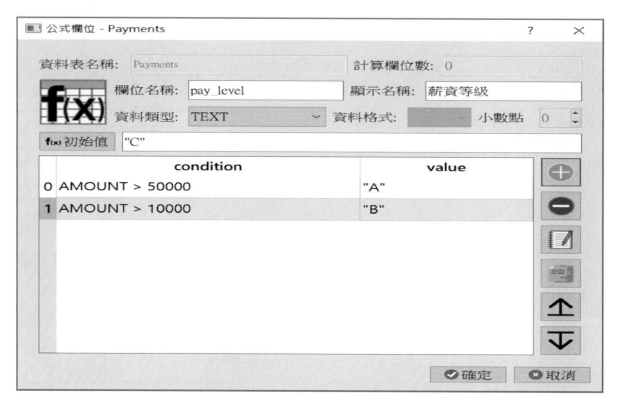

資料表結構顯示公式欄位

資料表顯示公式欄位

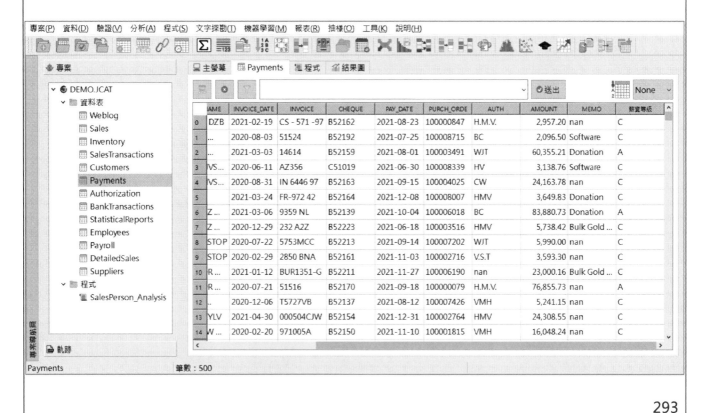

293

3.快速索引與篩選

294

快速索引(Quick Sort)功能說明

- 將滑鼠移至JCAATs主資料表上的欄位名稱，然後點選右鍵， 會出現一[快速索引]選單，讓您可以依不同方式進行資料排序。

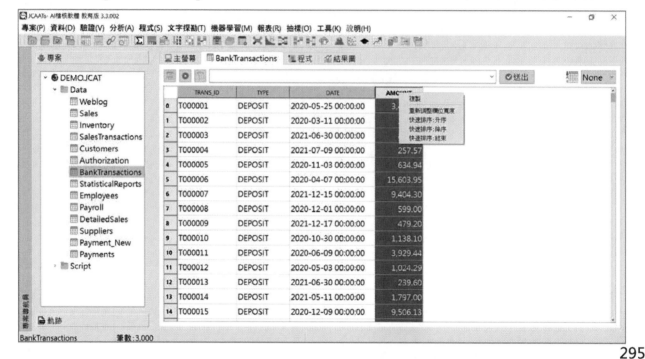

快速篩選(Quick Filter)功能說明

- 將滑鼠移至JCAATs主資料表上的資料位置，然後點選右鍵， 會出現一[快速篩選]選單，讓您可以依不同條件進行資料篩選。

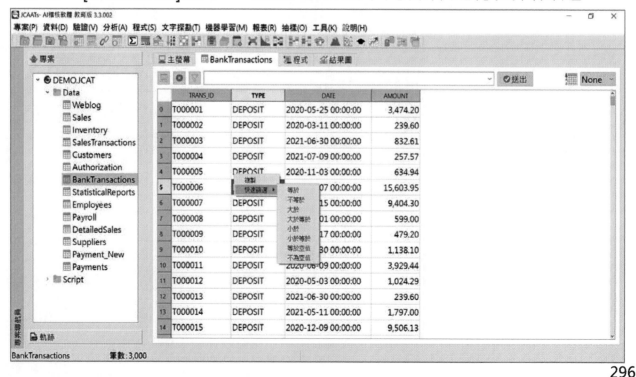

隨堂練習

練習5.1、請開啟專案檔中Corp_Credit_Cards資料表

練習5.2、使用 快速排序：升序 對卡號(CARDNUM)欄位進行
由小到大排序

練習5.3、使用 快速篩選 對日期(EXPDT)欄位進行過濾，
日期 20050801

練習5.4、使用 Filter 設定條件為NEWBAL = 0

練習5.5、使用 Filter 設定條件為 NEWBAL > CREDLIM

 | AI Audit Expert

練習解答5.1

開啟專案檔中Corp_Credit_Cards 資料表

練習解答
5.1、請開啟專案檔中Corp_Credit_Cards資料表

AI Audit Expert

練習解答5.2

使用 快速排序：升序
對卡號(CARDNUM)欄位
進行由小到大排序

練習解答
5.2、使用 快速排序：升序
對卡號(CARDNUM)欄位，進行由小到大排序

301

練習解答
5.2、使用 快速排序：升序
對卡號(CARDNUM)欄位，進行由小到大排序

302

練習解答5.3

使用 快速篩選 對日期(EXPDT)欄位進行過濾，日期 20050801

練習解答

5.3、點選滑鼠右鍵，使用 快速篩選 對
　　　日期(EXPDT)欄位進行過濾，
　　　日期 20050801

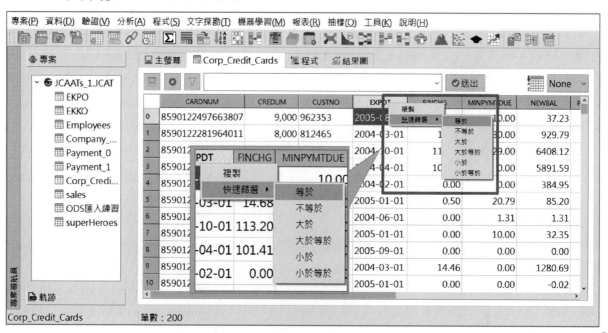

練習解答
5.3、使用 快速篩選 對日期(EXPDT)欄位進行
過濾，日期 20050801

使用 Filter 設定條件為NEWBAL = 0

練習解答

5.4、設定條件為NEWBAL = 0，並進行語法檢查

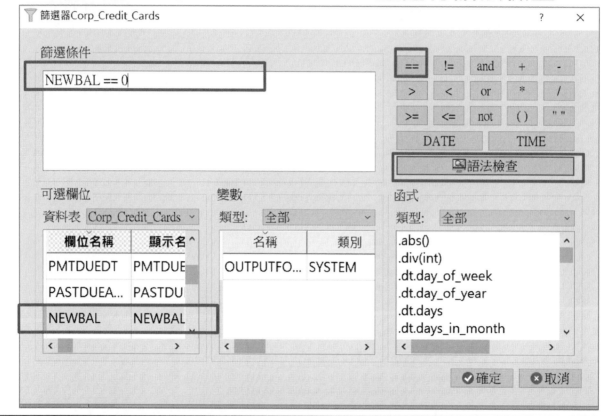

練習解答

5.4、完成篩選後的結果，餘額為0者計16筆

練習解答5.5

使用 Filter 設定條件為 NEWBAL > CREDLIM

309

練習解答
5.5、設定條件 NEWBAL > CREDLIM，並進行語法檢查

310

練習解答

5.5、完成篩選後的結果,餘額大於信用額度者計10筆

隨堂練習

練習5.6、請開啟專案中之Corp_Credit_Cards的
資料表結構(Table Layout)。

練習5.7、新增一個公式欄位,進行差異日期之運算。

練習5.8、請檢視公式欄位運算結果是否於檢視區正常顯示。

練習解答5.6

請在專案中開啟
Corp_Credit_Cards表格的
資料表結構(Table Layout)

313

練習解答
5.6、自選單中選擇資料→資料表結構(Table Layout)

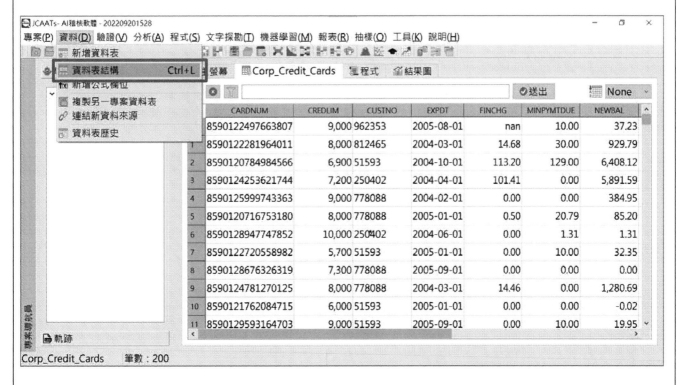

314

練習解答

5.6、資料表結構(Table Layout)，可檢視各欄位 詳細結構資訊，並可進行編輯、新增與刪除

資料表結構 - Corp_Credit_Cards

資料表結構

資料表名稱:	Corp_Credit_Cards		實體欄位數:	12	公式欄位數:	0
資料檔位置:	C:/Users/una/Desktop/JCAATs_CO//Corp_Credit_Cards.JFIL					
建立日期:	07/05/2023, 15:23:49		檔案大小(B):	16381		

編輯欄位資訊

欄位名稱	顯示名稱	資料類型	欄位型態	開始位置	長度	小數點
CARDNUM	CARDNUM	TEXT	DATA	0	32	
CREDLIM	CREDLIM	NUMERIC	DATA	32	10	0
CUSTNO	CUSTNO	TEXT	DATA	42	12	
EXPDT	EXPDT	DATETIME	DATA	54	38	
FINCHG	FINCHG	NUMERIC	DATA	92	12	2
MINPYMTD...	MINPYMTD...	NUMERIC	DATA	104	12	0
NEWBAL	NEWBAL	NUMERIC	DATA	116	14	2
PASTDUEAMT	PASTDUEAMT	NUMERIC	DATA	130	10	0
PMTDUEDT	PMTDUEDT	DATETIME	DATA	140	38	

✓ 確定

315

 **jacksoft** | AI Audit Expert

www.jacksoft.com.tw

練習解答5.7

Copyright © 2023 JACKSOFT.

修增公式欄位，進行差異日期之 運算GAP_DAY 其公式為: PMTDUEDT-STMTDT

316

練習解答

5.7、點選F(X)新增公式欄位差距天數(GAP_DAY)
其公式為 PMTDUEDT-STMTDT

317

練習解答

5.7、設定欄位名稱與資料型態後
點選F(X)初始值，進行公式內容設定

318

練習解答

5.7、設定公式內容為PMTDUEDT-STMTDT
　　　並透過轉換函式.dt.days將計算結果轉換為天數

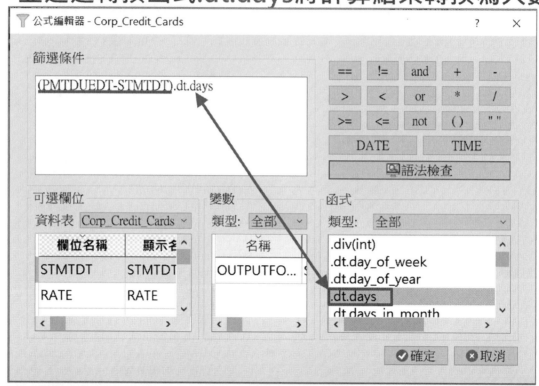

319

練習解答

5.7、完成新增之公式欄位相關設定後，點選確定

320

練習解答

5.7、新增之公式欄位即顯示於資料表結構中，欄位型態為COMPUTED

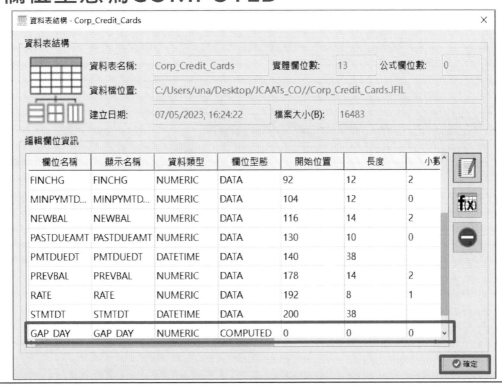

321

JCAATs函式說明 — .dt.days

在系統中，若計算日期差異天數後，需要繼續使用該差異天數於後續查核計算，便可使用.dt.days函式將差異天數的格式轉換成數值，允許查核人員快速地於大量資料中，確認日期差異天數的數值資料。**語法: Field.dt.days**

Vendor	Date	Date2
10001	2022-12-31	2022-12-31
10001	2022-12-31	2022-12-31
10001	2022-12-02	2022-12-31
10002	2022-01-01	2022-12-31
10003	2022-01-01	2022-12-31

Vendor	Date	Date2	NewDate
10001	2022-12-31	2022-12-31	0
10001	2022-12-31	2022-12-31	0
10001	2022-12-02	2022-12-31	29
10002	2022-01-01	2022-12-31	364
10003	2022-01-01	2022-12-31	364

範例新公式欄位NewDate: (Date2-Date).dt.days

*以上使用若有任何問題，歡迎參閱JCAATs技術百科

322

JCAATs技術小百科:

系統若未加上函式.dt.days
新增日期相減的運算欄位,並對欄位進行加總

JCAATs >>Corp_Credit_Cards.TOTAL(PKEYS = ["GAP_DAY"], TO="")
Table : Corp_Credit_Cards
Note: 2023/05/09 10:12:02
Result - 筆數:1

Table_Name	Field_Name	Total
Corp_Credit_Cards	GAP_DAY	518,400,000,000,000,000

運算結果518,400,000,000,000,000說明如下:
欄位數200*30天*24小時*60分鐘*60秒*1000毫秒
*1000微秒*1000奈秒
此為Python特性,讓計算更精確。

323

 | AI Audit Expert

練習解答5.8

顯示 新增之公式欄位(GAP_DAY)
於檢視區(View)中

324

練習解答
5.8、顯示新增公式欄位(GAP_DAY)於檢視區(View)中

專案(P) 資料(D) 驗證(V) 分析(A) 程式(S) 文字探勘(T) 機器學習(M) 報表(R) 抽樣(O) 工具(K) 說明(H)

	NPYMTDUE	NEWBAL	PASTDUEAMT	PMTDUEDT	PREVBAL	RATE	STMTDT	GAP_DAY
0	10	37.23	0	2003-04-...	0.00	12.9	2003-03-...	30
1	30	929.79	10	2003-05-...	443.81	12.9	2003-04-...	30
2	129	6408.12	0	2003-05-...	6294.92	12.9	2003-04-...	30
3	0	5891.59	0	2003-05-...	5850.96	12.9	2003-04-...	30
4	0	384.95	0	2003-05-...	1352.51	12.9	2003-04-...	30
5	21	85.20	11	2003-05-...	10.79	12.9	2003-04-...	30
6	1	1.31	0	2003-05-...	181.93	12.9	2003-04-...	30
7	10	32.35	0	2003-05-...	158.39	12.9	2003-04-...	30
8	0	0.00	0	2003-04-...	0.00	12.9	2003-03-...	30
9	0	1280.69	0	2003-05-...	764.20	12.9	2003-04-...	30
10	0	-0.02	0	2003-05-...	-0.02	12.9	2003-04-...	30

專案導航員

JCAATs_1.JCAT
- EKPO
- EKKO
- Employees
- Company_...
- Payment_0
- Payment_1
- Corp_Credi...
- sales
- ODS匯入練習
- superHeroes

軌跡

Corp_Credit_Cards   筆數：200

隨堂練習-選擇題

(   )5.1使用CAATs軟體時，若有需要同上筆資料規則填補Nan的欄位值時，可以採用哪個函式或指令進行?
a. .pad ( )
b. @Find (col,val)
c. .dt.days
d. .isna ( )
e. ALLTRIM

(   )5.2以下何者為資料分析要素?
a.指令 (Commands)
b.運算式(Expressions)
c.函數(Functions)
d.變數(Variables)
e.以上皆是

(   )5.3以下關於公式欄位(Computed Fields)的運用方式，何者有誤?
a.執行數學運算
b.將欄位內的資料型態進行轉換
c.做文字替換
d.做異常偏離資料的篩選
e.建置邏輯測試結果

隨堂練習-選擇題

(　　　)5.4黃稽核依查核需求已獲得保險進件明細表，他依據資料內容做檢核及過濾，請問此為專案規劃方法六個階段的哪個項目？
a.專案規劃
b.獲得資料
c.讀取資料
d.驗證資料
e.報表輸出

(　　　)5.5有關非營利組織之風險認知，下列敘述何者正確？
a.非營利組織屬公益性質，洗錢資恐風險低
b.主管機關對於非營利組織之監理密度較為寬鬆
c.慈善團體捐款，均有捐款名冊可供查證
d.非營利組織經合法登記者，得豁免查證實質受益人
e.以上皆非

(　　　)5.6使用CAATs進行防火牆LOG查核，可使用下列哪個指令分析IP連線次數是否有異常?
a.帳齡 (Age)
b.缺漏 (Gaps)
c.分類 (Classify)
d.公式欄位(Computed Fields)
e.篩選器(Filters)

327

模擬考題-應用題5.9

- 建立一個新的專案檔『Proj100』，接著在專案中定義新的Table，名稱為『Sales_Record』的某公司的銷貨記錄檔。並請依照下列資料表格式(Table Layout)來定義：

欄位	型態	起始位置	長度	小數位數	備註
Customer ID	ASCII	1	11	0	客戶統一編號
Shipping Date	DATE	12	13	0	出貨日
Sipping Number	ASCII	25	14	0	出貨單號碼
Sales Amount	PRINT	39	12	2	銷貨金額
Uncollected AR	NUMERIC	51	14	0	應收未收餘額
Shipping Region	ASCII	65	24	0	出貨地區

328

模擬考題-應用題5.9

- 為確保資料品質，請進行以下幾項資料完整性的驗證回答測試結果，並簡述期分析方法與結果?
  - 驗證顧客資料格式：
    - » 測試結果為
    - ○ 完整
    - ○ 不完整，請列出不完整原因：
    _____

  - 控制總數核對：
    - » 2009年出貨的筆數：_____
    - » 2009年銷貨收入金額：_____
    - » 2010年出貨的筆數：_____
    - » 2010年銷貨收入金額：_____

329

模擬考題-應用題5.9

- 為確保資料品質，請進行以下幾項資料完整性的驗證回答測試結果，並簡述期分析方法與結果?
  - 連續性測試：
    - » 檢查出貨單號是否皆為順號，
    - ○ 是
    - ○ 否，請列出非順號之出貨單號碼：
    _____

  - 重號測試：
    - » 檢查出貨單號有重號?
    - ○ 是
    - ○ 否，請列出重號之出貨單號碼：
    _____

330

模擬考題-應用題5.9

- 資料分析
  - 產出地區別銷貨收入分析：
    » 哪一地區營收狀況最佳：
    _____

  - 累計交易金額與欠款未還分析：
    » 累計交易金額大於300,000之大戶清單
    _____

    » 累計欠款未還金額超過200,000之大戶清單
    _____

  - 依出貨日加總銷貨金額，分析營收是否有特別集中特定日期（如月底）或月份（如年底）之情形 (即為交易筆數大於10筆)
    _____

331

模擬考題-應用題5.9

- 資料分析
  - 產出地區別銷貨收入分析：
    » 如果只針對Taipei, Keelung、Taichung、Chiayi、Kaohsiung四個銷售區域的銷貨收入做分析，試問何區域的銷貨收入最高：
    _____

  - 產地地區做應收未收款帳齡分析：
    » 以2010年12月31日為基期做帳齡分析，試問四個區域超過180天、240天、360天的各期應收未收款金額合計
    0~180天：_____
    181~240天：_____
    241~360天：_____
    361天以上：_____

332

第六章

驗證

(Validate)

AI Audit Expert

Python Based 人工智慧稽核軟體

**AI Audit Software
人工智慧新稽核**

Copyright © 2023 JACKSOFT.

JCAATs AI 稽核軟體
第六章 驗證(Validate)

333

JCAATs-AI Audit Software

Copyright © 2023 JACKSOFT.

如何使用JCAATs完成資料驗證

> JCAATs提供多個指令協助驗證您分析的資料,確保資料品質,降低稽核風險。

> JCAATs的資料驗證程序:

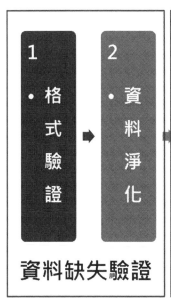
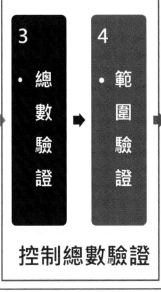
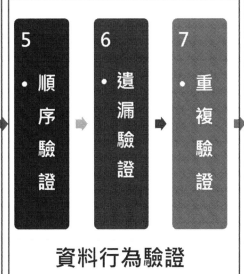

1 格式驗證	2 資料淨化	3 總數驗證	4 範圍驗證	5 順序驗證	6 遺漏驗證	7 重複驗證	8 可靠性測試

資料缺失驗證　　　控制總數驗證　　　資料行為驗證

334

錯誤來源 Sources of Error

- 輸入 Input　　　　(檢查重點:未輸入或輸入不合規)
- 處理 Processing (檢查重點: 是否存在系統性錯誤)
- 萃取 Extraction　(檢查重點: 資料萃取方式)
- 轉換 Conversion (檢查重點: 資料來源與轉換方式)
- 傳輸 Transmission(檢查重點:轉檔或是資料庫連結)
- 定義 Definition (檢查重點: 資料Schema提供品質)

Phase 1 格式驗證:

- 確保資料表是有效的
  - 文字欄位僅包括可顯示之文字
  - 數值欄位僅包括數字、進位逗點、負號及幣別符號
  - 日期欄位只包括有效日期

- 使用驗證(Verify)指令檢查欄位資料有效性

- 如果發現錯誤：
  - 如果發現有錯，決定該如何處理
  - 如果是資料表格式有錯，修正後再次檢查有效性。
  - 如果資料有錯，則資料再擷取一次或嘗試修正。

Phase 2 資料淨化(Data Clean) :

- 確保分析資料表是有效的
  - 對<u>數字</u>欄位缺失值提供淨化處理機制。
  - 對<u>文字</u>欄位缺失值提供淨化處理機制。
  - 對<u>日期</u>欄位缺失值提供淨化處理機制。

- 使用淨化(Clean) 指令淨化分析資料

- 如果發現驗證錯誤 :
  - 此指令為JCAATs和ACL, IDEA 間的一大差異，提供當驗證指令發現有錯誤時，使用者可以決定如何進行處理。
  - 使用者可以決定缺失資料是要進行捨棄、補值或是不變，系統會<u>產出新的淨化後資料表</u>，而原資料表保留為證據。
  - 提供直接驗證機制，智慧化顯示有資料缺失欄位。

337

Phase 3 驗證總數:

- 確保資料符合摘要報告之說明
- 比較JCAATS產生之控制總數與原始報告之總數
- 可使用下列指令來驗證控制總數 :
  - 計數 (Count)指令
  - 總和 (Total)指令
  - 剖析 (Profile)指令
  - 統計 (Statistics)指令

- 如果控制總數不合 :
  - 通常代表從原始資料中萃取之資料不適當
  - 如果是資料太多，則使用篩選器來萃取所需資料
  - 如果是資料太少，則再將檔案傳輸一次

338

Phase 4 針對邊界(範圍)之正確性檢查:

- 確保資料之上下界符合所需
  - 數值邊界 (Numeric bounds)
  - 日期邊界 (Date bounds)

- 檢查資料之上下界可使用:
  - 剖析 (Profile)指令
  - 統計 (Statistics)指令

- 如果紀錄不在特定的邊界內
  - 若資料表包括過多紀錄,則萃取有效的記錄並另存成新的資料表
  - 若是紀錄不足,則再將資料傳輸一次

*統計 (Statistics)指令結果另外包含有文字欄位資料的眾數,讓分析者可以初步分析文字邊界狀況。

Phase 5 辨認非序列項目:

- 欄位資料應為序時序號的,檢查欄位資料是否有不應發生非序列之狀況

- 辨認是否有<u>插單或佔號</u>的可疑行為

- 辨認序列可使用:
  序列 (Sequence)指令

- **參考範例:**
  查核發票開立日期是否有與實際順序不符情況

- 如發現非序列項目:
  - 檢查發現以決定其有效性
  - 告訴資料提供者
  - 建置新的資料表,來確認非序列項目原因

Phase 6 辨認遺失項目:

- 檢查來源系統中可能遺失的紀錄或值

- 辨認是否有<u>抽單</u>的可疑行為

- 辨認遺失項目值,可使用
  缺漏 (Gap)指令

- **參考範例:**
  查核交通違規罰單前需先驗證是否有缺號,以確保查核完整性

- 如果發現有遺失項目
  - 決定影響分析之層面
  - 通知資料提供者有關發現

341

Phase 7 辨認重複項目:

- 檢查紀錄及欄位中不應發生重複之檢查

- 辨認是否有<u>重複</u>的可疑行為

- 辨認重複可使用:
  重複(Duplicate)指令

- **參考範例:**
  驗證單據號碼是否有重複、

  查核是否有重複支領
  補助費、重複付款、
  重複施工等

- 如發現重複項目:
  - 檢查發現以決定其有效性
  - 告訴資料提供者
  - 建置新的資料表,來確認重複項目原因

342

Phase 8 測試可靠性:

- 選取特定幾筆資料進行檢查

- 比對和原始資料是否一致來驗證資料的可靠度

- 亦可以選擇一個區間資料來進行比對

- 辨認可靠性可使用:
定位(Locate)指令

- 如發現與原始資料不符時：
  - 告知資料提供者
  - 找出特定紀錄資料進行欄位複核與重新計算
  - 如果錯誤重大，資料應重新傳送

343

 | AI Audit Expert

1.指令條件設定 操作介面

344

指令基本介面一:單表格選擇

- 每一指令包含有**條件設定**與**輸出設定**二個頁籤。
  條件設定:提供選擇所要驗證欄位。
  輸出設定:提供選擇執行結果輸出至主螢幕或是資料表。

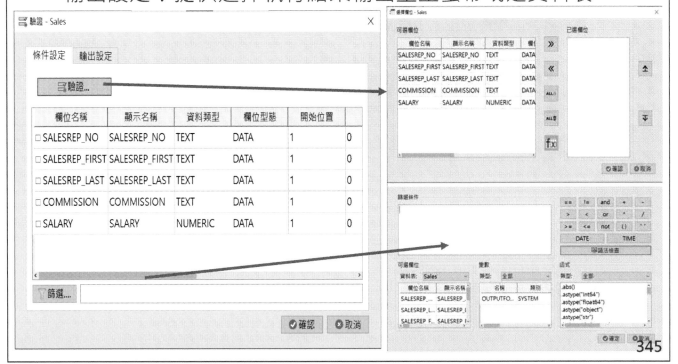

指令基本介面二: 其他附屬功能介面

- 設定介面有時會包含其他附屬功能, 通常為勾選或是輸入
  參數(如序列、缺漏、重複、定位等), 有些會是功能按鈕提
  供輔助執行(如淨化等)。

> 輔助功能, 直接執行驗證指令,產出有缺失的欄位, 顯示於選擇表,讓使用者可以更智慧化操作系統。

2.指令輸出設定介面

Copyright © 2023 JACKSOFT.

347

Copyright © 2023 JACKSOFT.

輸出設定介面一: 基本

- JCAATs 和ACL、IDEA等電腦稽核工具的一大差異,是所有指令的分析結果都可以選擇輸出至資料表,讓使用者可以進行更深入的分析。

序列 - Sales   ×

條件設定	輸出設定

結果輸出

○ 螢幕   ● 資料表   [名稱...]   [_____]

□ 附加到現存資料表

                                             ✔ 確認   ✖ 取消

348

輸出設定介面二: 敘述性統計

- JCAATs 的指令分析結果，若關鍵欄位為數值類欄位且指令結果為數值類，則可以選擇輸出含敘述性統計資訊，讓使用者可以進行更深入地資料探索。

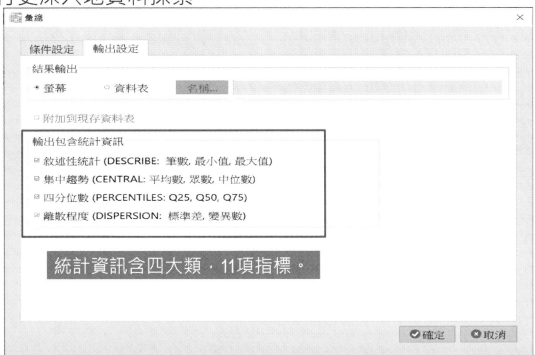

統計資訊含四大類，11項指標。

輸出設定介面三: 其他控制參數

JCAATs 依不同的控制參數，提供處理方式產出結果。

3.資料缺失驗證-
以資料淨化為例

351

淨化(CLEAN)指令 - 使用說明

- 開啟DetailedSales資料表
- 驗證→淨化→ 驗證

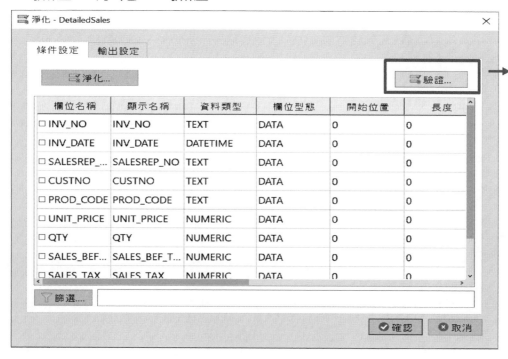

先驗證哪些
欄位有資料
問題,再擬
定處理方式

352

淨化(CLEAN)指令 – 條件設定

- 發現INV_DATE日期欄位有問題，點選此欄位進行淨化

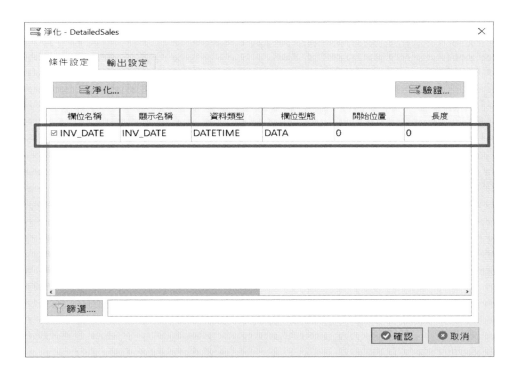

353

淨化(CLEAN)指令 – 輸出設定

選擇處
理方式
為捨棄

354

淨化(CLEAN)指令 – 結果顯示於新表中

- 原本900筆資料，淨化後變成897筆，3筆有問題資料被排除。

JCAATs- AI稽核軟體 教育版 3.3.002   – 🗗 ✕

專案(P) 資料(D) 驗證(V) 分析(A) 程式(S) 文字探勘(T) 機器學習(M) 報表(R) 抽樣(O) 工具(K) 說明(H)

| | 主螢幕 | 銷售明細_淨化 | 程式 | 結果圖 |

專案

- DEMO.JCAT
  - 銷售明細_淨化
  - Data
  - Script

	INV_NO	INV_DATE	SALESREP_NO	CUSTNO	PROD_CODE	UNIT_PRICE	QTY	SALES_BEF_TAX	SALES_TAX
0	1000047	2021-07-21 …	141	21254	07	5.99	72	431.28	43.13
1	1000054	2021-03-17 …	141	21256	07	5.99	63	377.37	37.74
2	1000115	2021-06-10 …	141	21257	07	5.99	1209	7241.91	724.19
3	1000171	2021-05-30 …	141	21274	07	5.99	250	1497.50	149.75
4	1000199	2021-03-18 …	141	21285	07	5.99	435	2605.65	260.57
5	1000219	2021-04-25 …	141	21304	07	5.99	360	2198.33	219.83
6	1000254	2021-03-04 …	141	21330	07	5.99	700	4193.00	419.30
7	1000256	2021-05-29 …	141	21339	07	5.99	250	1497.50	149.75
8	1000448	2021-06-19 …	141	21340	07	5.99	8	47.92	4.79
9	1000617	2021-12-22 …	141	21341	07	5.99	168	1006.32	100.63
10	1000666	2021-09-01 …	141	21342	07	5.99	250	1497.50	149.75
11	1000732	2021-09-26 …	141	21395	07	5.99	63	377.37	37.74
12	1000766	2021-12-15 …	141	21400	07	5.99	58	347.42	34.74
13	1000772	2021-06-30 …	141	21402	07	5.99	141	604.99	60.50
14	1000852	2021-12-22 …	141	21403	07	5.99	57	341.43	34.14

軌跡

銷售明細_淨化   筆數:897

 AI Audit Expert

4.控制總數驗證– 資料表筆數計算為例

計數(COUNT)指令 - 使用說明

- 開啟Sales資料表

357

計數(COUNT)指令 – 輸出設定

- 設定為資料表名稱: 資料筆數

358

計數(COUNT)指令 – 結果顯示

- 可以輸出至一個資料表

359

可以累計計算其他資料表合計筆數

- 開啟Customers資料表
- 驗證→計數 → 附加到現存資料表

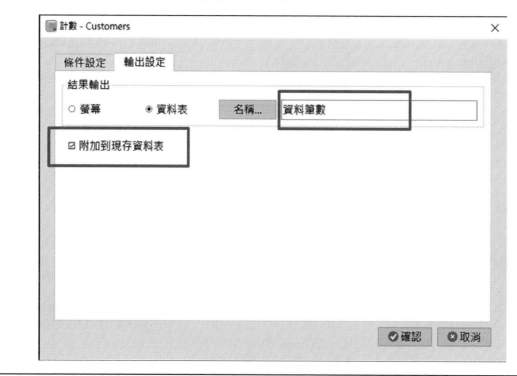

360

彙總驗證專案各資料筆數，確保完整性

- 可以繼續使用相同的方式，將所有本專案各資料表筆數附加成為同一資料表，以利彙總驗證專案各資料表總數是否正確

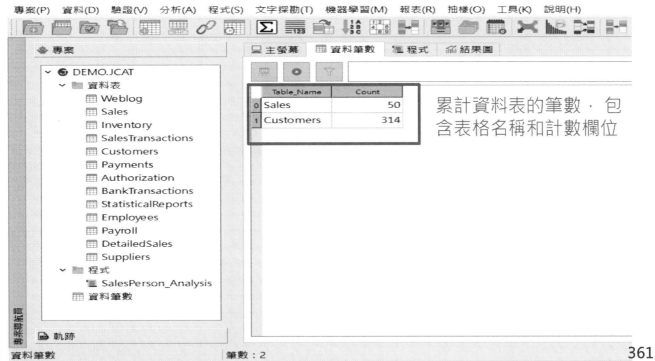

累計資料表的筆數，包含表格名稱和計數欄位

361

序列(SEQUENCE)指令 - 使用說明

- 開啟BankTransactions(銀行交易)資料表是否有依時序號。
- 檢查TRANS_ID資料是否依序建立，是否有資料被插隊的行為。

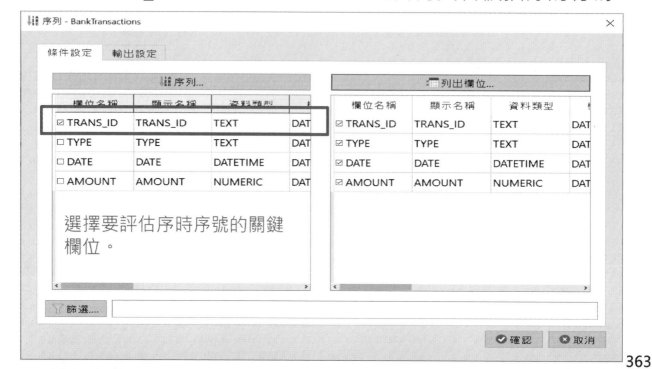

序列(SEQUENCE)指令 – 結果顯示

- 顯示出有未依序之嫌疑的資料，而其前面的資料即為插單或佔號的資料，需進一步進行分析。

6. 資料可靠性驗證
-資料定位為例

365

定位(LOCATE)指令 – 使用說明

- 開啟 BankTransactions表
- 前面SEQUNCE驗證顯示71 筆有異常, 指定顯示 第65筆至71筆 資料進行可靠性測試。

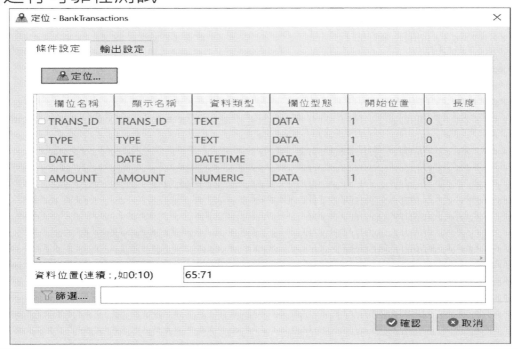

366

定位(LOCATE)指令 – 結果顯示

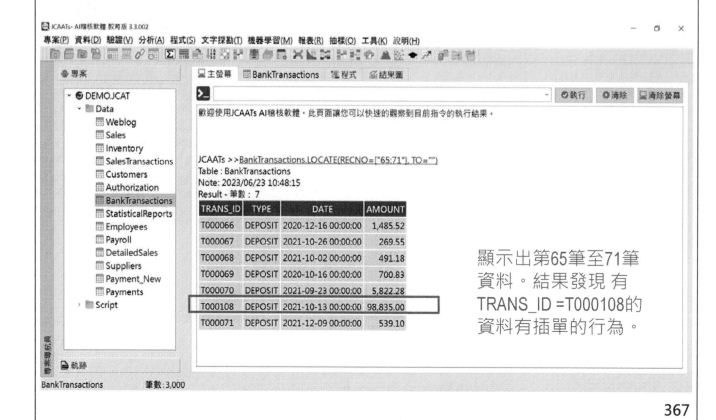

顯示出第65筆至71筆
資料。結果發現 有
TRANS_ID =T000108的
資料有插單的行為。

367

資料驗證指令彙總

查核目標	說明	指令	適當資料型態
格式驗證	從表格中獲取一般資訊	驗證(Verify)	文字、數值、日期
資料淨化	對欄位缺失值提供淨化處理機制，確保分析資料表是有效的	淨化(Clean)	文字、數值、日期
控制總數	對資料筆數或是數值總數進行驗證	計數(Count)	記錄(Record-based)
		總和(Total)	數值
控制範圍	對資料的範圍進行驗證，包含日期區間、數值區間等。	剖析(Profile)	數值
		統計(Statistics)	文字、數值、日期
順序性	測試資料檔內的記錄是否序時序號	序列(Sequence)	文字、數值、日期
完整性	驗證目前的記錄資料是否完整，有無遺漏的資料。	缺漏(Gap)	文字、數值、日期
唯一性	決定記錄中是否包含重複資料，同時也定義特定欄位是否包含唯一值	重複(Duplicate)	文字、數值、日期
可靠性	指定顯示特定位置資料，檢查資料內容是否可靠	定位(Locate)	記錄筆數

368

隨堂練習-選擇題

(　　)6.1當你利用電腦輔助稽核軟體(CAATs)定義從系統下載的一份薪資報表檔時，人事確定告訴你，每位員工在當月份只會有一筆薪水發放記錄，請問你要進行右列那一項測試來確認?
a. 資料檔有效性驗證
b. 日期範圍有效驗證
c. 缺漏項測試
d. 重複項測試
e. 測試筆數及金額欄位加總是否和系統報表一致

(　　)6.2以下哪一項是剖析(Profile)指令所能提供的?
a. 欄位加總 (Field Totals)
b. 絕對值 (Absolute Value)
c. 最大值 (Maximum Values)
d. 最小值 (Minimum Values)
e. 以上均是

隨堂練習-選擇題

(　　)6.3確保密碼時常更新，在使用者忘記密碼時給予一個限用一次的密碼，以及要求使用者不要寫下他們的密碼，以上所舉例子屬於：
a. 控制目標
b. 查核程序
c. 查核作業
d. 控制程序
e. 查核目標

(　　)6.4使用電腦輔助稽核軟體(CAATs)進行資料驗證，可使用以下那些指令？
a. 格式驗證(Verify)
b. 資料淨化(Clean)
c. 總和 (Total)
d. 統計(Statistics)
e. 以上皆是

隨堂練習-選擇題

(　　)6.5當發現有遺失項目時，以下敘述何者有誤？
　　　a. 有些遺失值的存在是沒問題的，如由於有作廢支票，支票號碼的序號跳號了
　　　b. 銷貨發票交易檔中，銷貨發票序號是可以有跳號現象出現的
　　　c. 資料表中有些欄位應該永遠有資料，不過有些欄位則不一定，如顧客資料檔，顧客編號不能留白，但第二地址欄位則可以是空白
　　　d. 在重要的欄位發現有遺失值時，宜與資料提供者聯繫、確認
　　　e. 以上皆非

(　　)6.6有效的內部控制制度應定義每一階層之控制活動，下列何者非屬控制活動？
　　　a. 員工旅遊計畫
　　　b. 會計帳目核驗與調節制度
　　　c. 高階主管之覆核工作
　　　d. 權責劃分制度
　　　e. 以上皆是

隨堂練習-選擇題

(　　)6.7使用CAATs (通用稽核軟體)進行重新計算的方法為何？
　　　a. 統計（STATISTICS）
　　　b. 計數（COUNT）
　　　c. 公式欄位（COMPUTED FIELDS）
　　　d. 彙總（SUMMARIZE）
　　　e. 分類（CLASSIFY）

(　　)6.8依「保險業內部控制及稽核制度實施辦法」規定，下列何者非屬保險業內部控制制度之組成要素?
　　　a. 控制環境
　　　b. 營業單位自訂表格提供資訊
　　　c. 控制活動
　　　d. 風險評估
　　　e. 監督

隨堂練習-選擇題

(　　)6.9在執行分層分析指令(Stratify)前，可以透過那一項指令取得最大值及最小值的變數?
a. 統計 (Statistic)
b. 計數 (Count)
c. 分類 (Classify)
d. 帳齡 (Age)
e. 缺漏 (Gap)

(　　)6.10遵循個資法，企業應該怎麼做?
a. 進行個資盤點
b. 含個資資訊郵件應加密
c. 持續稽核
d. 確保軌跡紀錄(LOG)之保存
e. 以上皆是

隨堂練習-選擇題

(　　)6.11有關資恐交易特點之敘述，下列何者錯誤?
a. 只能依靠系統監控，無法依賴櫃台人員判斷。
b. 資金大都是小額的電匯。
c. 資恐交易的匯款人不一定是罪犯或犯罪組織。
d. 資金的來源大都是合法的。
e. 以上皆是。

(　　)6.12下列何種情況不適合使用重複(Duplicate)指令進行查核?
a. 補助金發放
b. 工程款支付
c. 出貨作業管制
d. 收款作業控制
e. 以上皆可

隨堂練習

練習6.1、請建立一個新的JCAATs專案檔,並練習複製範本
專案資料(ERP_Audit)以利後續查核使用。

練習6.2、請練習驗證指令的使用,檢查專案資料表中是否有
異常,匯出異常資訊以利後續查核,可搭配定位功能
了解異常資訊。

練習6.3、請練習淨化指令的使用,將驗證有問題資料依需求淨
化處理,以利後續查核。

375

| AI Audit Expert

練習解答6.1

請建立一個新的JCAATs專案檔,
並練習複製範本專案資料(ERP_Audit)
以利後續查核使用。

376

練習解答
6.1、複製範本專案資料表(ERP_Audit)至新專案中

- 新增新專案
- 複製另一專案資料表

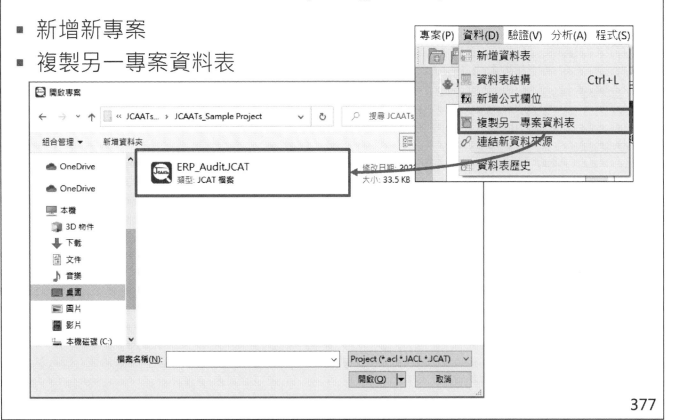

練習解答
6.1、複製範本專案資料表>選取資料表

練習解答

6.1、複製範本專案資料表>完成資料表匯入

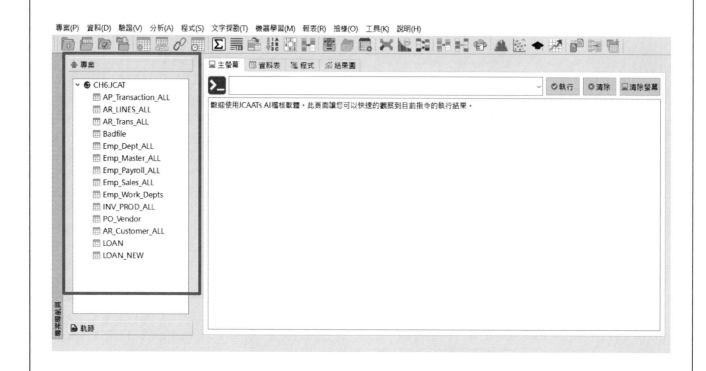

練習解答

6.1、資料>連結新資料來源

- 選取AP_Transaction_All資料表
- 連結資料來源（*.JFIL）

專案(P)　資料(D)　驗證(V)　分析(A)　程式(S)

- 新增資料表
- 資料表結構　　　　Ctrl+L
- 新增公式欄位
- 複製另一專案資料表
- 連結新資料來源
- 資料表歷史

開啟專案

← → ∨ ↑ 《 JCAATs基... > JCAATs_Sample Project　　∨　ひ　　𝒫 搜尋 JCAATs_Sample

組合管理 ▼　　新增資料夾

OneDrive	AP_Transaction_ALL.JFIL　類型: JFIL 檔案	修改日期: 2023/6/17 上午 10　大小: 9.31 KB
本機	AR_Customer_ALL.JFIL　類型: JFIL 檔案	修改日期: 2023/6/17 上午 10...　大小: 9.79 KB
3D 物件	AR_LINES_ALL.JFIL　類型: JFIL 檔案	修改日期: 2023/6/17 上午 10...　大小: 15.9 KB
下載		
文件	AR_Trans_ALL.JFIL　類型: JFIL 檔案	修改日期: 2023/6/17 上午 10...　大小: 20.2 KB
音樂		
桌面	Badfile.JFIL　類型: JFIL 檔案	修改日期: 2023/6/17 上午 10...　大小: 5.57 KB
圖片		
影片	Emp_Dept_ALL.JFIL　類型: JFIL 檔案	修改日期: 2023/6/17 上午 10...　大小: 3.11 KB
本機磁碟 (C:)		
DATA (D:)		

檔案名稱(N): AP_Transaction_ALL.JFIL　　∨　　Project (*.fil;*.JFIL;)　　∨

開啟(O)　　　取消

練習解答
6.1、連結新資料來源>完成連結資料來源

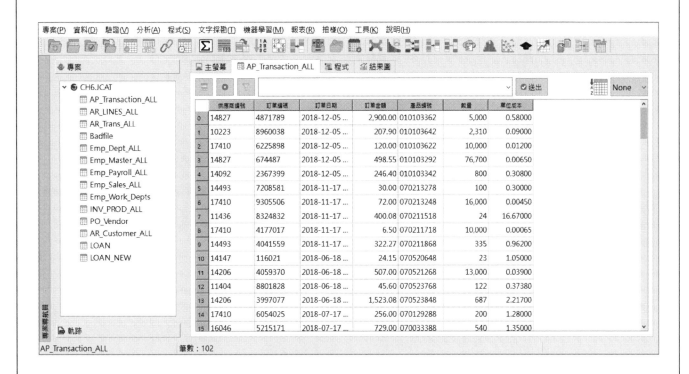

請練習驗證指令的使用，檢查專案資料表中是否有異常，匯出異常資訊以利後續查核，可搭配定位功能，了解異常資訊。

練習解答
6.2、以Badfile進行驗證

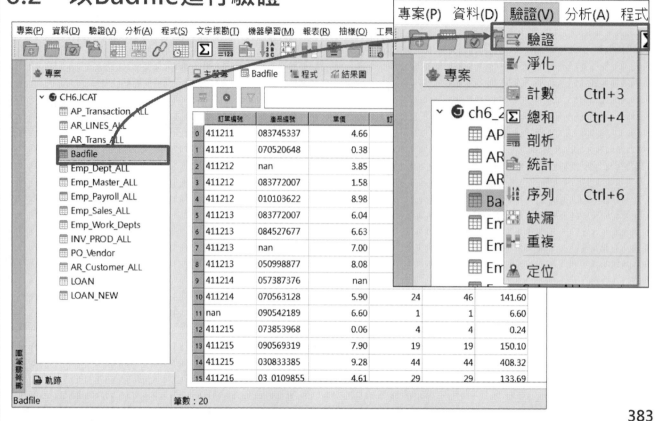

練習解答
6.2、以Badfile進行驗證 > 選取驗證欄位

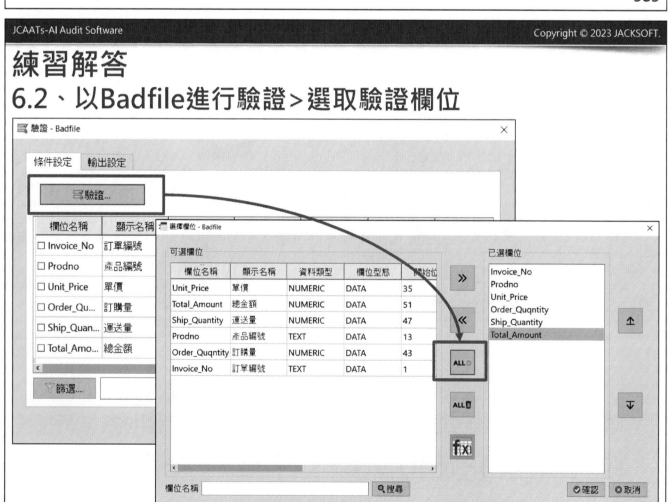

練習解答
6.2、以Badfile進行驗證 > 匯出驗證結果

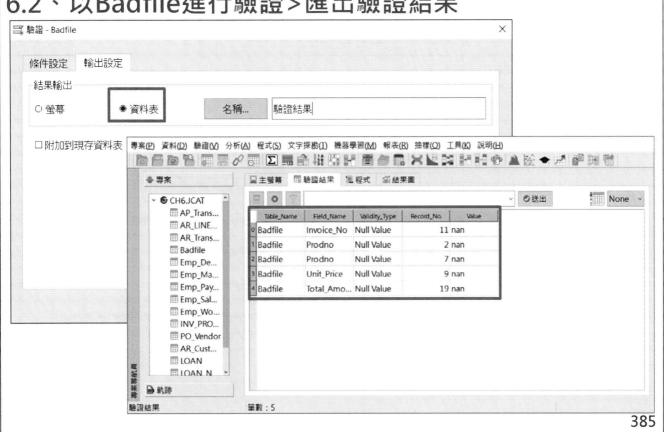

練習解答
6.2、將驗證結果有誤者,進行定位,以深入了解問題

- 開啟Badfile檔
- 驗證→定位
- 設定定位資料範圍2:2

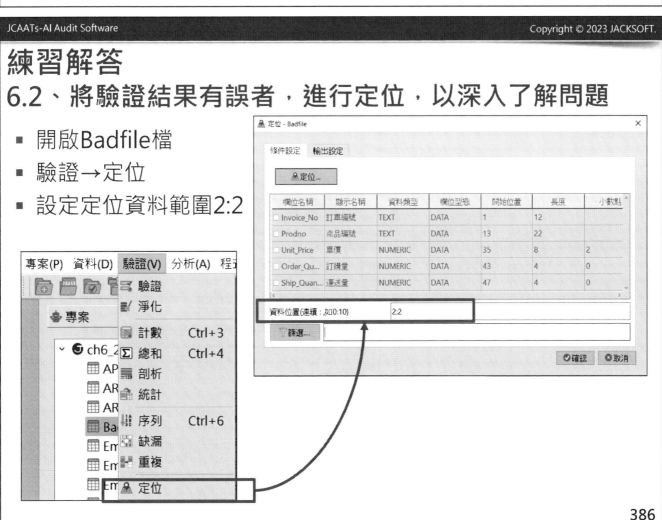

練習解答
6.2、將驗證結果有誤者，進行定位，以深入了解問題

JCAATs >> Badfile.LOCATE(RECNO=["2:2"], TO="")
Table : Badfile
Note: 2023/07/05 17:12:17
Result－筆數：1

Invoice_No	Prodno	Unit_Price	Order_Quqntity	Ship_Quantity	Total_Amount
411212	nan	3.85	12	12	46.20

JCAATs >> Badfile.LOCATE(RECNO=["7:7"], TO="")
Table : Badfile
Note: 2023/07/05 17:12:46
Result－筆數：1

Invoice_No	Prodno	Unit_Price	Order_Quqntity	Ship_Quantity	Total_Amount
411213	nan	7.00	14	14	103.60

練習解答
6.2、將驗證結果有誤者，進行定位，以深入了解問題

JCAATs >> Badfile.LOCATE(RECNO=["9:9"], TO="")
Table : Badfile
Note: 2023/07/05 17:13:41
Result－筆數：1

Invoice_No	Prodno	Unit_Price	Order_Quqntity	Ship_Quantity	Total_Amount
411214	057387376	nan	13	0	5.46

JCAATs >> Badfile.LOCATE(RECNO=["11:11"], TO="")
Table : Badfile
Note: 2023/07/05 17:13:45
Result－筆數：1

Invoice_No	Prodno	Unit_Price	Order_Quqntity	Ship_Quantity	Total_Amount
nan	090542189	6.60	1	1	6.60

JCAATs >> Badfile.LOCATE(RECNO=["19:19"], TO="")
Table : Badfile
Note: 2023/07/05 17:13:49
Result－筆數：1

Invoice_No	Prodno	Unit_Price	Order_Quqntity	Ship_Quantity	Total_Amount
411217	340240664	0.10	49	49	nan

練習解答
6.2、將定位結果輸出設定為異常清單

jacksoft | AI Audit Expert

練習解答6.3

請練習淨化指令的使用,將驗證有問題資料依需求淨化處理,以利後續查核。

練習解答
6.3、將驗證結果有誤者，進行淨化，以利後續查核

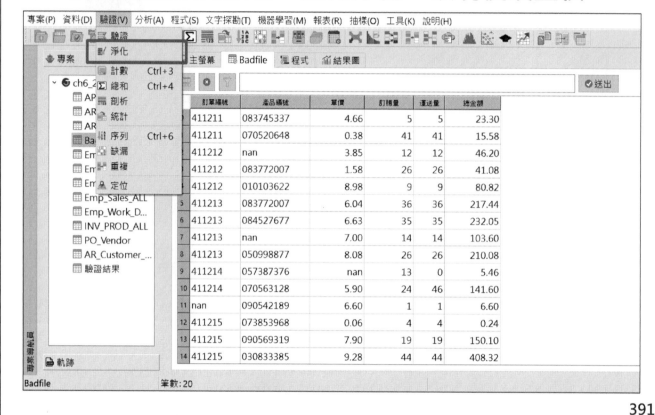

391

練習解答
6.3、資料淨化>選取淨化欄位

392

練習解答
6.3、資料淨化>選擇缺失值處理方式

393

練習解答
6.3、淨化後資料表共計15筆

394

JCAATs技術小百科:

於Python中:NaT、Nan、None，各有不同定義，但因為稽核沒有哪麼多時間區分NaN或None，另外None在稽核作業上可能為其他意義資料，故JCAATs加值簡化，只有區分:

1.nan: 數字或文字<u>空值</u>或<u>有異常</u>
2.naT:日期<u>空值</u>或<u>有異常</u>

以方便空值條件查詢與型態轉換

隨堂練習

練習6.4、請練習<u>計數</u>指令，取得所需要查核資料表資料筆數以利完整性驗證。

練習6.5、請練習<u>總和</u>指令，取得所需要查核欄位的數字合計以利完整性驗證。

 | AI Audit Expert

練習解答6.4

Copyright © 2023 JACKSOFT.

請練習計數指令，取得所需要查核資料表資料筆數以利完整性驗證。

AR_LINES_ALL、 AR_Trans_ALL、 AR_Customer_ALL

397

JCAATs-AI Audit Software

Copyright © 2023 JACKSOFT.

練習解答

6.4、將AR相關查核，進行筆數計數後產生筆數統計檔

- 開啟AR_LINES_ALL資料表
- 驗證→計數

398

練習解答
6.4、進行筆數計數並附加到現存資料表

- 開啟AR_Trans_ALL資料表
- 驗證→計數
- 附加到現存資料表

- 開啟AR_Customer_ALL資料表
- 驗證→計數
- 附加到現存資料表

399

練習解答
6.4、AR相關查核筆數統計檔
AR_LINES_ALL、 AR_Trans_ALL、AR_Customer_ALL

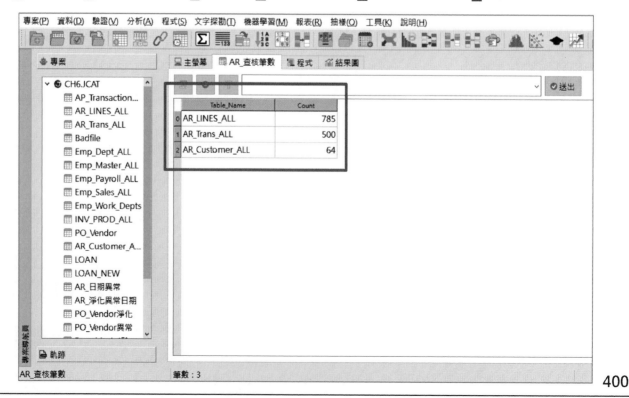

Table_Name	Count
AR_LINES_ALL	785
AR_Trans_ALL	500
AR_Customer_ALL	64

400

練習解答6.5

請練習總和指令，取得所需要查核欄位的數字合計以利完整性驗證。

練習解答
6.5、將AP相關查核，進行總和後產生總和資料表 AP_Transaction_ALL

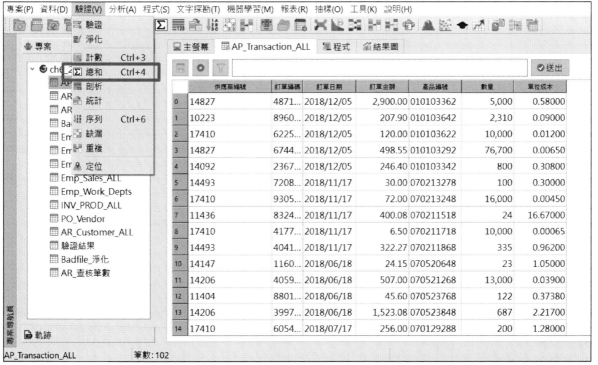

練習解答
6.5、資料總和>選取總和欄位
AP_Transaction_ALL

練習解答
6.5、AP相關查核總和資料表
AP_Transaction_ALL

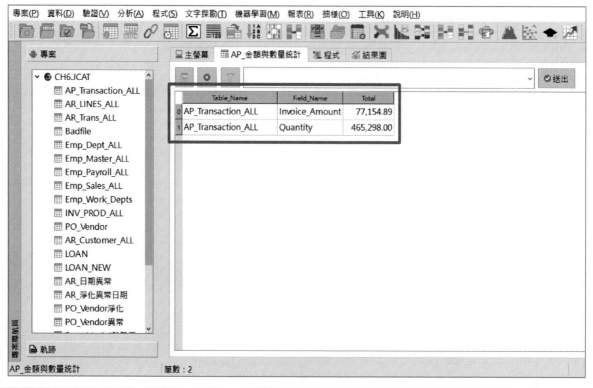

隨堂練習

練習6.6、請練習<u>剖析</u>指令，取得驗證所需要查核欄位的數字
基本統計資訊以利完整性驗證。

練習6.7、請練習<u>統計</u>指令，取得驗證所需要查核欄位的區間
與統計資訊以利完整性驗證。

 | AI Audit Expert

練習解答6.6

請練習<u>剖析</u>指令，取得驗證所需要查核欄
位的數字基本統計資訊以利完整性驗證。

練習解答
6.6、將AP相關查核，進行剖析後產生剖析資料表
AP_Transaction_ALL

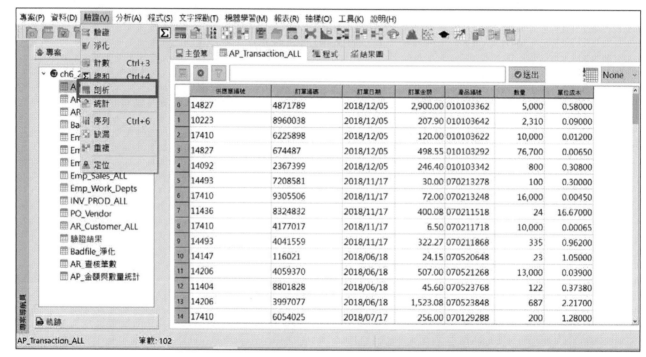

407

練習解答
6.6、資料剖析>選取剖析欄位
AP_Transaction_ALL

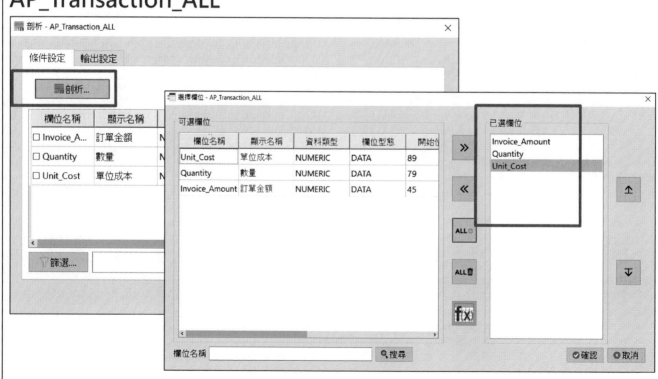

408

練習解答
6.6、AP相關查核剖析資料表
AP_Transaction_ALL

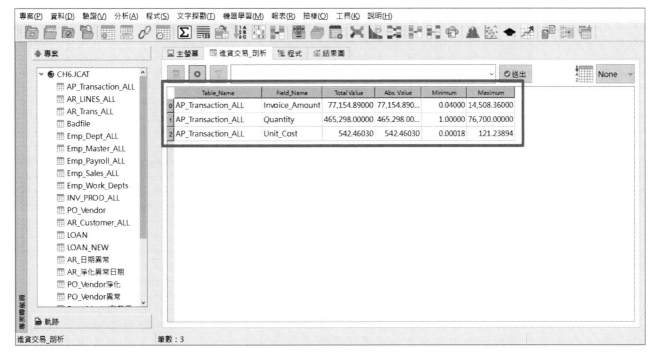

練習解答
6.6、AP相關查核剖析資料表 = > 增加統計資訊
AP_Transaction_ALL

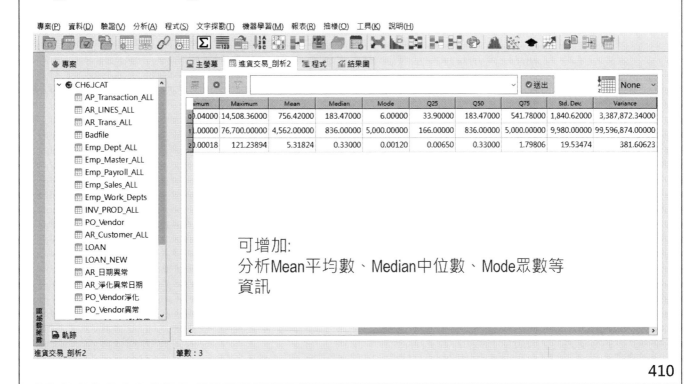

可增加:
分析Mean平均數、Median中位數、Mode眾數等
資訊

加碼練習解答
6.6、將存貨相關查核，進行剖析後，找到異常資料。
INV_PROD_ALL

JCAATs >>INV_PROD_ALL.PROFILE(PKEYS=["UnCst","SalePr","QtyOH","MinQty","QtyOO","Value","MktValue"], TO="")
Table : INV_PROD_ALL
Note: 2023/05/13 13:25:41
Result - 筆數：7

Table_Name	Field_Name	Total Value	Abs. Value	Minimum	Maximum
INV_PROD_ALL	UnCst	2,625.47	2,659.23	-6.87	381.20
INV_PROD_ALL	SalePr	3,748.66	3,748.66	0.04	499.98
INV_PROD_ALL	QtyOH	169,285.00	169,325.00	-12.00	71,000.00
INV_PROD_ALL	MinQty	58,805.00	58,805.00	0.00	4,600.00
INV_PROD_ALL	QtyOO	117,145.00	117,145.00	0.00	40,000.00
INV_PROD_ALL	Value	680,479.94	708,243.94	-10,167.60	100,800.00
INV_PROD_ALL	MktValue	1,029,061.61	1,031,588.81	-839.76	143,880.00

加碼練習解答
6.6、將存貨相關查核，進行剖析後，找到異常資料。
INV_PROD_ALL

- 開啟INV_PROD_ALL
- 驗證→剖析
- 選取單位成本欄位

JCAATs >>INV_PROD_ALL.PROFILE(PKEYS=["UnCst"], TO="")
Table : INV_PROD_ALL
Note: 2023/07/05 18:12:34
Result - 筆數：1

Table_Name	Field_Name	Total Value	Abs. Value	Minimum	Maximum
INV_PROD_ALL	UnCst	2,625.47	2,659.23	-6.87	381.20

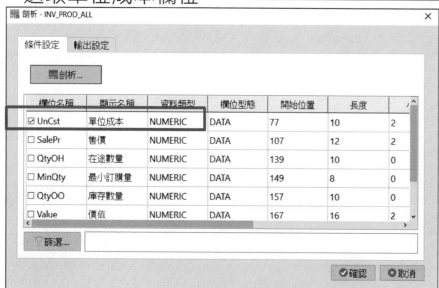

剖析 - INV_PROD_ALL

條件設定　輸出設定

剖析...

欄位名稱	顯示名稱	資料類型	欄位型態	開始位置	長度	
☑ UnCst	單位成本	NUMERIC	DATA	77	10	2
☐ SalePr	售價	NUMERIC	DATA	107	12	2
☐ QtyOH	在途數量	NUMERIC	DATA	139	10	0
☐ MinQty	最小訂購量	NUMERIC	DATA	149	8	0
☐ QtyOO	庫存數量	NUMERIC	DATA	157	10	0
☐ Value	價值	NUMERIC	DATA	167	16	2

篩選...

確認　取消

練習解答
6.6、將存貨相關查核，進行剖析後，找到異常資料。
INV_PROD_ALL

jacksoft | AI Audit Expert

練習解答6.7

請練習統計指令，取得驗證所需要查核欄位的區間與統計資訊以利完整性驗證。

練習解答

6.7、將AR相關查核，進行統計後產生統計資料表
AR_Trans_ALL

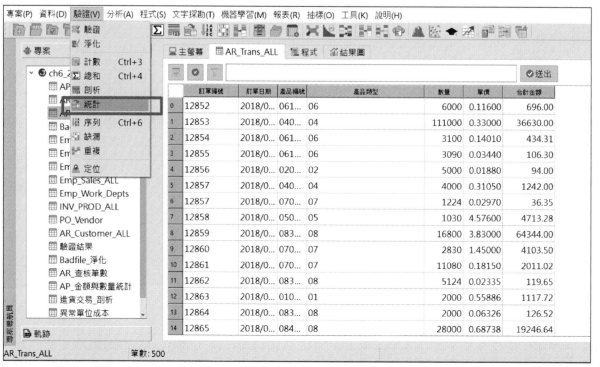

415

練習解答

6.7、資料統計>選取統計欄位並設定筆數
AR_Trans_ALL

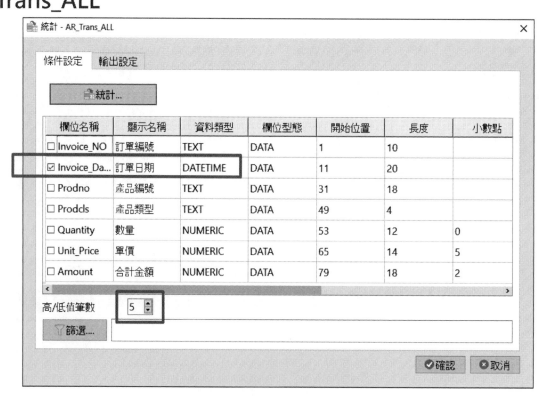

416

練習解答
6.7、AR相關查核統計資料表
AR_Trans_ALL

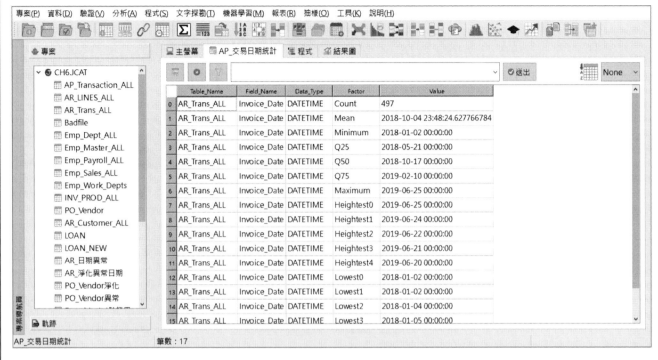

專案(P) 資料(D) 驗證(V) 分析(A) 程式(S) 文字探勘(T) 機器學習(M) 報表(R) 抽樣(Q) 工具(K) 說明(H)

	Table_Name	Field_Name	Data_Type	Factor	Value
0	AR_Trans_ALL	Invoice_Date	DATETIME	Count	497
1	AR_Trans_ALL	Invoice_Date	DATETIME	Mean	2018-10-04 23:48:24.627766784
2	AR_Trans_ALL	Invoice_Date	DATETIME	Minimum	2018-01-02 00:00:00
3	AR_Trans_ALL	Invoice_Date	DATETIME	Q25	2018-05-21 00:00:00
4	AR_Trans_ALL	Invoice_Date	DATETIME	Q50	2018-10-17 00:00:00
5	AR_Trans_ALL	Invoice_Date	DATETIME	Q75	2019-02-10 00:00:00
6	AR_Trans_ALL	Invoice_Date	DATETIME	Maximum	2019-06-25 00:00:00
7	AR_Trans_ALL	Invoice_Date	DATETIME	Heightest0	2019-06-25 00:00:00
8	AR_Trans_ALL	Invoice_Date	DATETIME	Heightest1	2019-06-24 00:00:00
9	AR_Trans_ALL	Invoice_Date	DATETIME	Heightest2	2019-06-22 00:00:00
10	AR_Trans_ALL	Invoice_Date	DATETIME	Heightest3	2019-06-21 00:00:00
11	AR_Trans_ALL	Invoice_Date	DATETIME	Heightest4	2019-06-20 00:00:00
12	AR_Trans_ALL	Invoice_Date	DATETIME	Lowest0	2018-01-02 00:00:00
13	AR_Trans_ALL	Invoice_Date	DATETIME	Lowest1	2018-01-02 00:00:00
14	AR_Trans_ALL	Invoice_Date	DATETIME	Lowest2	2018-01-04 00:00:00
15	AR_Trans_ALL	Invoice_Date	DATETIME	Lowest3	2018-01-05 00:00:00

AP_交易日期統計　　　　筆數：17

417

隨堂練習

練習6.8、請練習<u>序列</u>指令，取得所需要查核欄位是否有資料未依序排列，產生異常資料表，以利深入追查。

練習6.9、請練習<u>缺漏</u>指令，取得所需要查核欄位是否有資料跳號，產生異常資料表，以利深入追查。

練習6.10、請練習<u>重複</u>指令，取得所需要查核欄位是否有重複資料，產生異常資料表，以利深入追查。

418

練習解答6.8

請練習<u>序列</u>指令，取得所需要查核欄位是否有資料未依序排列，產生異常資料表，以利深入追查。

419

Copyright © 2023 JACKSOFT.

練習解答

6.8、將AR相關查核，進行序列後產生序列資料表 AR_Trans_ALL

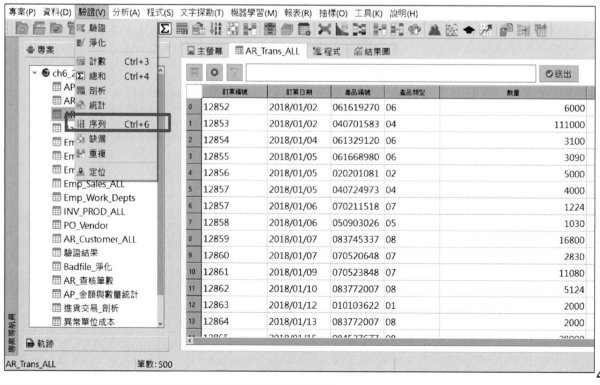

420

練習解答
6.8、序列>選取驗證的值與欄位
AR_Trans_ALL

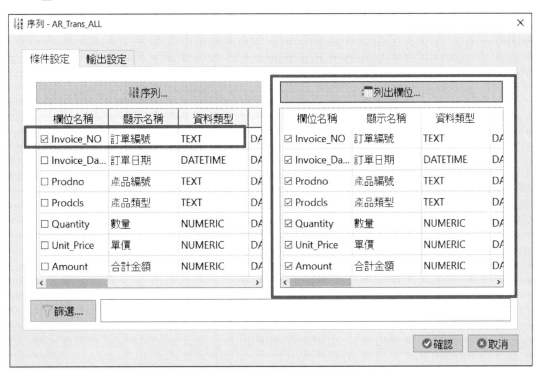

421

練習解答
6.8、將AR相關查核,進行序列後產生序列資料表
AR_Trans_ALL

422

練習解答
6.8、將AR相關查核序列資料表
AR_Trans_ALL

專案(P) 資料(D) 驗證(V) 分析(A) 程式(S) 文字探勘(T) 機器學習(M) 報表(R) 抽樣(O) 工具(K) 說明(H)

RECNO	訂單編號	訂單日期	產品編號	產品類型	數量	單價	合計金額
0	31 12893	2018-02-13 00:00:00	030854115	03	4303	0.09520	409.65
1	68 12930	2018-03-21 00:00:00	070520648	07	12000	0.11391	1366.92
2	131 12993	2018-05-24 00:00:00	040934393	04	6600	1.15000	7590.00
3	228 13093	2018-09-14 00:00:00	090523979	09	46550	0.16410	7638.86
4	329 13193	2018-12-22 00:00:00	030305603	03	300	0.16815	50.45

訂單序號測試　　　　　　　　　筆數：5

423

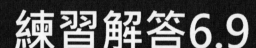 | AI Audit Expert

練習解答6.9

請練習缺漏指令，取得所需要查核欄位是否有資料跳號，產生異常資料表，以利深入追查。

424

練習解答
6.9、將員工相關查核，進行缺漏
Emp_Payroll_ALL

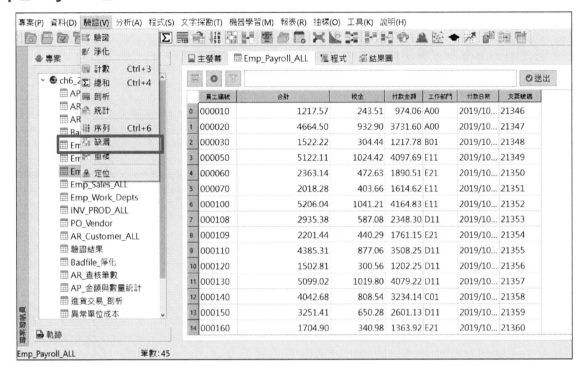

練習解答
6.9、缺漏>選取驗證的值並設定輸出類型
Emp_Payroll_ALL

練習解答
6.9、將員工相關查核,進行缺漏
Emp_Payroll_ALL

JCAATs >>Emp_Payroll_ALL.GAP(PKEY="Cheque_No", MISSING = "item", TO="")
Table : Emp_Payroll_ALL
Note: 2023/07/06 10:21:29
Result - 筆數: 8 總缺漏筆數: 8

Cheque_No
21389
21390
21391
21392
21394
21395
21396
21397

427

 | AI Audit Expert

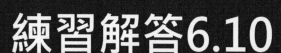
練習解答6.10

Copyright © 2023 JACKSOFT.

請練習重複指令,取得所需要查核欄位是否有重複資料,產生異常資料表,以利深入追查。

練習解答
6.10、將員工相關查核,進行重複後產生重複資料表
Emp_Payroll_ALL

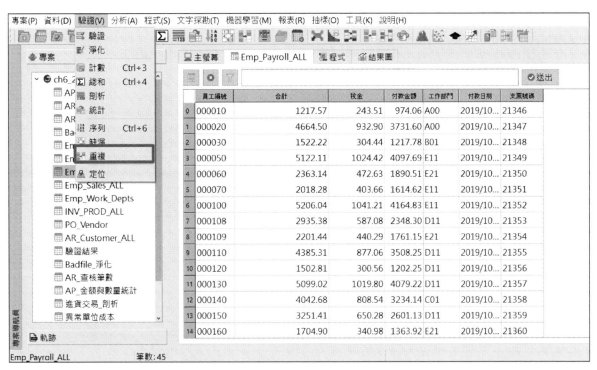

練習解答
6.10、重複>選取驗證的值與欄位
Emp_Payroll_ALL

練習解答
6.10、將員工相關查核，進行重複後產生重複資料表
Emp_Payroll_ALL

練習解答
6.10、員工相關查核重複資料表
Emp_Payroll_ALL

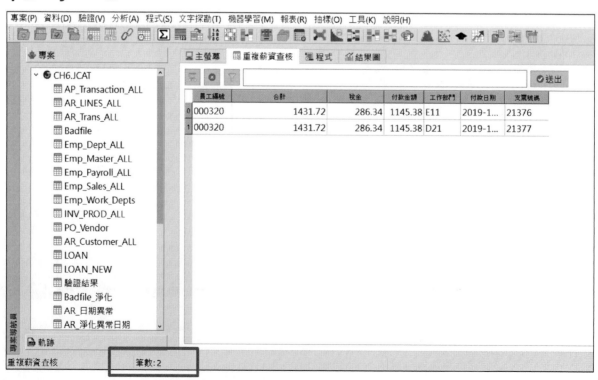

模擬考題-應用題6.11

一、請新增一專案檔，專案名稱為 Audit。(5 分)
二、請依下列提供之檔案格式(Schema)，匯入 Credit_Cards 交易資料。(15 分)

長度	欄位名稱	意義	型態
16	CARDNUM	卡號	C
10	CREDLIM	信用額度	N
6	CUSTNO	顧客編號	C
10	EXPDT	有效期限	D
10	AMT	交易金額	N

三、驗證資料是否有誤(10 分)
　　□無，資料沒有錯誤。
　　□有，第_____筆，_____欄位錯誤。

四. 筆數資料(15 分)
　　1.Credit_Cards 總筆數為 _____筆
　　2.Credit_Cards 中，信用額度為9000 的有 _____筆
　　3.Credit_Cards 中，信用額度大於9000 的有 ※ _____筆

模擬考題-應用題6.11

五、加總計算(25 分)
1.信用卡交易資料之所有交易金額合計為_____
2.信用卡交易資料之最高信用額度為_____其客戶編號是 ※_____
3.信用卡交易資料之最低信用額度為_____其客戶編號是 ※_____

六、請確認信用卡交易資料內是否有相同的信用卡編號(10 分)
□無，資料沒有此情形。
□有，重複的信用卡編號是_____

七、承上題，是否有相同的信用卡編號，但顧客編號不同之情形(10 分)
□無，資料沒有此情形。
□有，重複的信用卡編號是_____其客戶編號分別是_____

模擬考題-應用題6.12

一、請新增一專案檔，專案名稱為AR_Audit。(5 分)
二、請依下列提供之檔案格式(Schema)，匯入應收帳款交易明細資料。(15 分)

序號	長度	欄位名稱	意義	型態	序號	長度	欄位名稱	意義	型態
1	3	Seq	交易序號	C	4	10	DueDate	到期日	D
2	6	CustNo	客戶編號	C	5	10	Goods	商品	C
3	10	InvDate	發票日期	D	6	10	TransAmt	交易金額	N

三、驗證資料是否有誤(20 分)
□無，資料沒有錯誤。
□有，第_____筆，_____欄位錯誤，錯誤原因是：_____。

四、筆數資料(10 分)
1.應收帳款中，銷售商品屬於餅乾的筆數為 _____筆
2.應收帳款中，銷售商品屬於餅乾且交易金額大於200 的為 _____筆

五、加總計算(10 分)
1. 應收帳款交易明細資料中之衛生紙交易金額合計為 _____

模擬考題-應用題6.12

六、請確認應收帳款交易明細資料內，序號是否有缺漏之情形(10 分)
□無，資料沒有錯誤。
□有，共_____筆，分別是_____。

七、請確認應收帳款交易明細資料內，是否有相同的交易序號(10 分)
□無，資料沒有此情形。
□有，重複的交易序號是_____。

八、應收帳款交易明細資料中之各商品合計交易金額(10 分)
1. 總數最高的商品筆數是_____
2. 總數最低的交易金額占所有金額的百分比是_____

九、依交易 0,500,800,1000,10000 金額分層(10 分)
1. 筆數占總數最高的是_____-_____層
2. 交易金額占所有金額合計最低的是_____-_____層

第七章

分析

(Analysis)

JCAATs AI 稽核軟體
第七章 分析(Analysis)

437

本單元大綱:

- 資料探索
- 資料排序
- 勾稽比對
- 分析性複核

1.資料探索

Copyright © 2023 JACKSOFT.

439

資料探索:

- 有系統性的分門別類，對資料進行探索
- 可對不同資料型態使用不同方式進行分門別類
- 可以混合多個欄位進行分門別類的探索
- 可以探索資訊除合計數外，亦可以包含敘述性統計的多項資訊
- 可以幫助判斷趨勢及異常項目

- 集中性分析資料之四個指令
  - 分類 (Classify)　　　單一欄位
  - 彙總 (Summarize)　多個欄位
  - 分層 (Stratify)　　　數值欄位
  - 帳齡 (Age)　　　　　日期欄位

440

分類(CLASSIFY)指令說明

- 分類(CLASSIFY) 是一個稽核指令可以使用單一欄位
  (文字、數字、日期或邏輯欄位)來對資料進行分類計算資料
  筆數或是數字欄位的加總與敘述性統計資訊的分析。

關鍵分類
欄位選擇

441

分類(CLASSIFY)結果輸出螢幕:

探索性分析指
令輸出於螢幕
時,可點擊查
看明細資料,
深度探索。

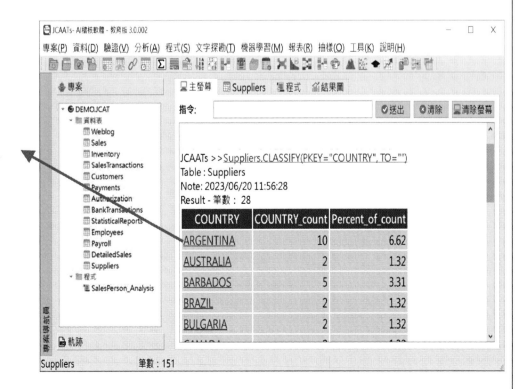

442

分類(CLASSIFY)結果圖顯示:

探索性分析指令
提供以關鍵欄位
為 X軸的長條圖，
筆數或小計欄位
為 Y軸的結果圖，
使用者可以放大
縮小，亦可點擊
圖塊查看明細資
料，深度探索。

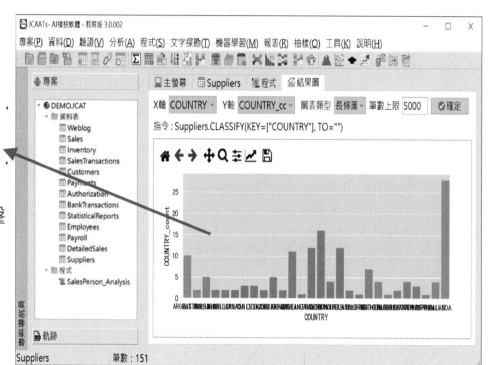

443

分層(STRATIFY) 指令說明

- **STRATIFY** 根據單一數字欄位值將資料依**等分**或是**自訂大小區間**方式分層。
- JCAATs 另外在機器學習區提供有**集群(CLUSTER)**指令，提供人工智慧自動分層的方法，讓您快速進入智能稽核。

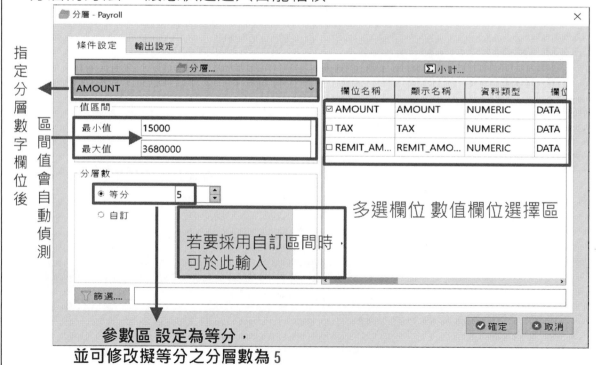

指定分層數字欄位後

區間值會自動偵測

多選欄位 數值欄位選擇區

若要採用自訂區間時，可於此輸入

參數區 設定為等分，
並可修改擬等分之分層數為 5

444

分層(STRATIFY)結果輸出螢幕:

JCAATs >> Payroll.STRATIFY(PKEY="AMOUNT", SUBTOTALS = ["AMOUNT"], INTERVAL = 5, MIN = 15000.0, MAX = 3680000.0, TO="")
Table : Payroll
Note: 2023/06/22 17:27:58
Result - 筆數 : 5

AMOUNT_interval	AMOUNT_sum	AMOUNT_count	Percent_of_count	Percent_of_field
15000.0 ~ 748000.0	15,876,943	193	96.50	51.79
748000.1 ~ 1481000.0	900,000	1	0.50	2.94
1481000.1 ~ 2214000.0	7,310,000	4	2.00	23.84
2214000.1 ~ 2947000.0	2,890,000	1	0.50	9.43
2947000.1 ~ 3680000.0	3,680,000	1	0.50	12.00

可點擊查看明細資料,進行深度探索。

445

分層(STRATIFY)結果圖顯示:

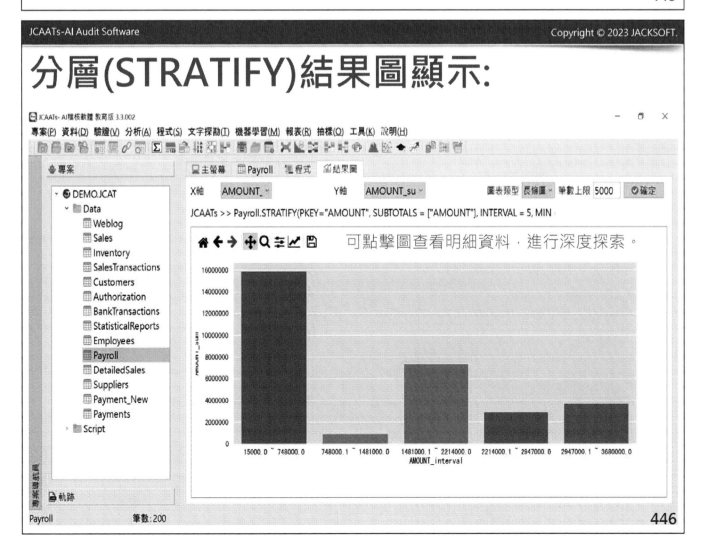

可點擊圖查看明細資料,進行深度探索。

446

帳齡(AGE)指令說明

- **AGE** 根據單一日期欄位的值將資料和截止日間的日數距離，依自訂區間方式分層顯示。

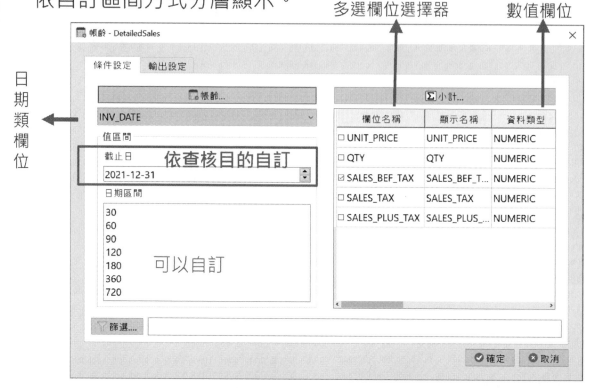

帳齡(AGE)結果輸出螢幕:

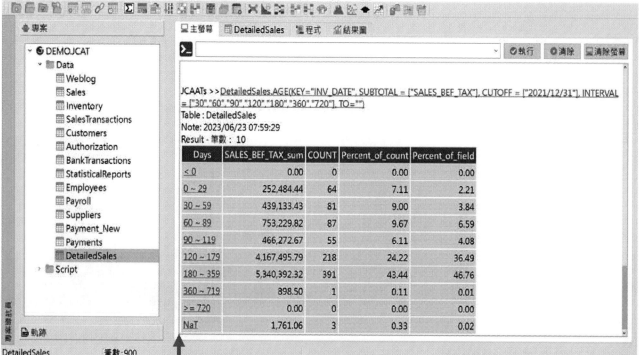

可點擊查看明細資料，進行深度探索。

帳齡(AGE)結果圖顯示:

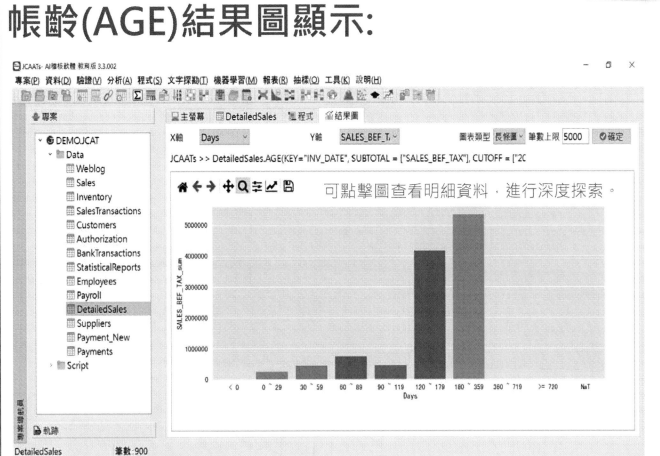

彙總 Summarize – 指令說明

彙總指令可以選擇**多個欄位**(文字、數值、日期等)成為關鍵欄位，進行分類計算。
列出欄位：是以該分類的第一筆資料來顯示。

分類(Classify)VS.彙總(Summarize)

- 分類僅可選擇**單一欄位**進行**單維度**分析
  彙總可選擇**多個欄位**進行多維度分析，**並可列出其他欄位資訊**
  使用者可根據分析需求選擇適合指令

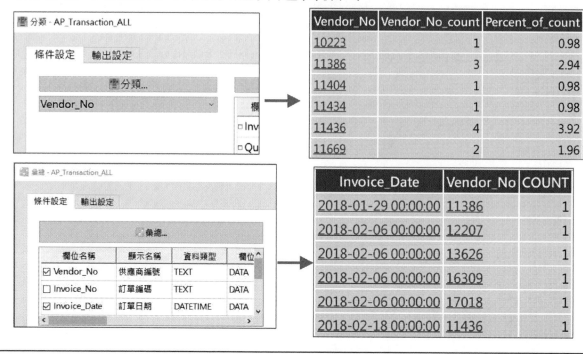

451

輸出設定介面: 敘述性統計

- 若關鍵欄位為數值型欄位，即可勾選輸出「統計資訊」，讓使用者可以更深入地分析資料。

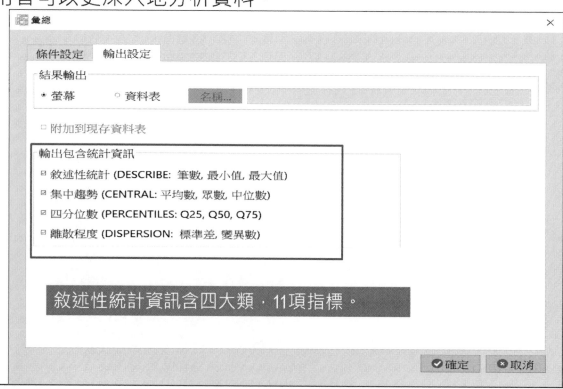

452

2.資料排序

Copyright © 2023 JACKSOFT.

453

重新排序之資料表:

- 重新排序資料表：
  - 淨化資料
  - 便利後續指令之執行

- 重新排序資料之三種選擇
  - 排序(Sort)
  - 索引(Index)
  - 快速排序(Quick Sort)

ⓘ 序列指令是在測試資料欄位是否經過排序

454

排序 Sort

- 特定欄位排序後，產生新的資料表
- 結果資料表之格式會與原始資料表具有相同之記錄結構

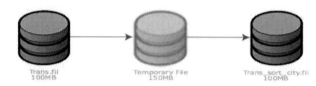

Rec	Name	City
1	Juan Carlos Pecoroff	Berazategui
2	Lawrence O'Mara	Norton Shores
3	Carmen Bacardi Bolivar	Alajuela
4	Arthur H. Penn	Berlin
5	Simon Allen	London

Rec	Name	City
1	Carmen Bacardi Bolivar	Alajuela
2	Juan Carlos Pecoroff	Berazategui
3	Arthur H. Penn	Berlin
4	Simon Allen	London
5	Lawrence O'Mara	Norton Shores

455

索引 Index

- 於資料表顯示區產生一個新的索引標籤
- 排序後的資料為邏輯性非實體

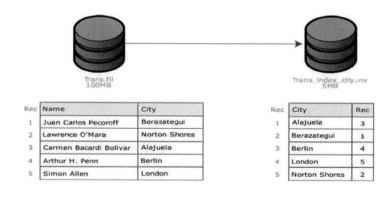

Rec	Name	City
1	Juan Carlos Pecoroff	Berazategui
2	Lawrence O'Mara	Norton Shores
3	Carmen Bacardi Bolivar	Alajuela
4	Arthur H. Penn	Berlin
5	Simon Allen	London

Rec	City	Rec
1	Alajuela	3
2	Berazategui	1
3	Berlin	4
4	London	5
5	Norton Shores	2

456

排序(Sort) vs 索引(Index)

條件 Condition	排序 Sort	索引 Index
執行速度	慢	快
執行結果檔案大小	大	小
所需求磁碟空間大小	多	少
全體檔案處理結果	很快	很慢
尋找一些記錄處理結果	很慢	很快

jacksoft | AI Audit Expert

3.勾稽比對

Copyright © 2023 JACKSOFT.

JCAATs指令說明—JOIN

在 JCAATs 系統中，提供使用者可以運用**比對
(JOIN)** 指令，透過相同鍵值欄位結合兩個資料檔
案進行比對，並產出成第三個比對後的資料表。

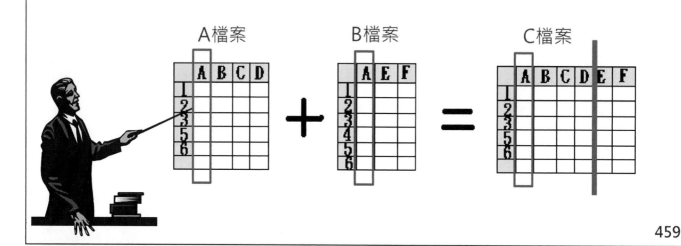

比對(Join)的運用

◆ 此指令是將二個資料表依**鍵值欄位**與所選擇的條件**聯結成一個
新資料表**

◆ 當在進行合併運算時，由於包含二個資料表，先開啟的資料表
稱為**主表(primary)**，第二個檔案稱為**次表(secondary)**

➢ 使用Join時請注意，哪一個表格是主要檔，哪一個是次要檔。

◆ 使用Join指令可從兩個資料表中結合欄位到第三個資料表。要
特別注意，任意兩個欲建立關聯或聯結的資料表必須有個能夠
辨認的特徵欄位，這個欄位稱為**鍵值欄位**

比對(Join)的六種分析模式

➤ 狀況一：保留對應成功的主表與次表之第一筆資料。
(Matched Primary with the first Secondary)

➤ 狀況二：保留主表中所有資料與對應成功次表之第一筆資料。
(Matched All Primary with the first Secondary)

➤ 狀況三：保留次表中所有資料與對應成功主表之第一筆資料。
(Matched All Secondary with the first Primary)

➤ 狀況四：保留所有對應成功與未對應成功的主表與次表資料。
(Matched All Primary and Secondary with the first)

➤ 狀況五：保留未對應成功的主表資料。
(Unmatched Primary)

➤ 狀況六：保留對應成功的所有主次表資料
(Many to Many)

461

JCAATs 比對(JOIN)指令六種類別

		比對類型
1		Matched Primary with the first Secondary
2		Matched All Primary with the first Secondary
3		Matched All Secondary with the first Primary
4		Matched All Primary and Secondary with the first
5		Unmatched Primary
6		Many to Many

462

比對 (Join)指令使用步驟

1. 決定比對之目的
2. 辨別比對兩個檔案資料表，主表與次表
3. 要比對檔案資料須屬於同一個JCAATS專案中。
4. 兩個檔案中需有共同特徵欄位/鍵值欄位
   (例如：員工編號、身份證號)。
5. 特徵欄位中的資料型態、長度需要一致。
6. 選擇比對(Join)類別:
   A. Matched Primary with the first Secondary
   B. Matched All Primary with the first Secondary
   C. Matched All Secondary with the first Primary
   D. Matched All Primary and Secondary with the first
   E. Unmatched Primary
   F. Many to Many

比對(Join)指令操作方法:

- 使用比對(Join)指令:
  1. 開啟比對Join對話框
  2. 選擇主表 (primary table)
  3. 選擇次表 (secondary table)
  4. 選擇主表與次表之關鍵欄位
  5. 選擇主表與次表要包括在結果資料表中之欄位
  6. 可使用篩選器(選擇性)
  7. 選擇比對(Join) 執行類型
  8. 給定比對結果資料表檔名

比對(JOIN)練習基本功:

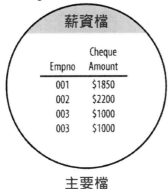

主要檔　　　　　　　　次要檔

① Matched **Primary**
with the first Secondary

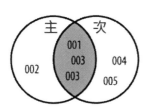

比對(JOIN)練習基本功:

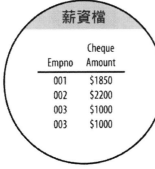

主要檔　　　　　　　　次要檔

② Matched All Primary
with the first Secondary

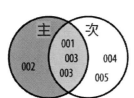

比對(JOIN)練習基本功:

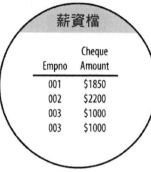

	薪資檔			員工檔	
Empno	Cheque Amount		Empno	Pay Per Period	
001	$1850		001	$1850	
002	$2200		003	$2000	
003	$1000		004	$1975	
003	$1000		005	$2450	
	主要檔			次要檔	

③ Matched All Secondary
with the first Primary

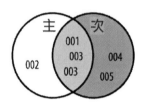

	輸出檔	
Empno	Cheque Amount	Pay Per Period
001	$1850	$1850
003	$1000	$2000
003	$1000	$2000
004	$0	$1975
005	$0	$2450

467

比對(JOIN)練習基本功:

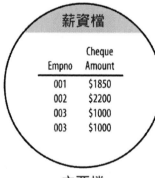

	薪資檔			員工檔	
Empno	Cheque Amount		Empno	Pay Per Period	
001	$1850		001	$1850	
002	$2200		003	$2000	
003	$1000		004	$1975	
003	$1000		005	$2450	
	主要檔			次要檔	

④ Matched All Primary and Secondary
with the first

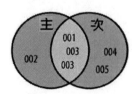

	輸出檔	
Empno	Cheque Amount	Pay Per Period
001	$1850	$1850
002	$2200	$0
003	$1000	$2000
003	$1000	$2000
004	$0	$1975
005	$0	$2450

468

比對(JOIN)練習基本功:

主要檔　　　　　　　　　次要檔

⑤ Unmatched **Primary**

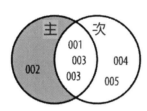

469

比對(JOIN)練習基本功:

1. 找出支付單與員工檔中相同
   員工代號所有相符資料
2. 篩選出正確日期之資料
3. 比對支付單中實際支付與員
   工檔中記錄薪支是否相符

⑥ Many-to-Many

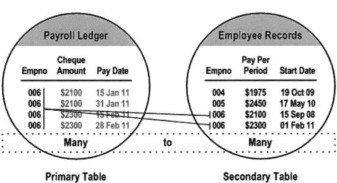

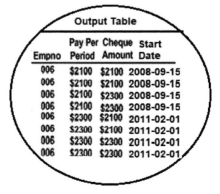

470

比對 JOIN – 條件設定

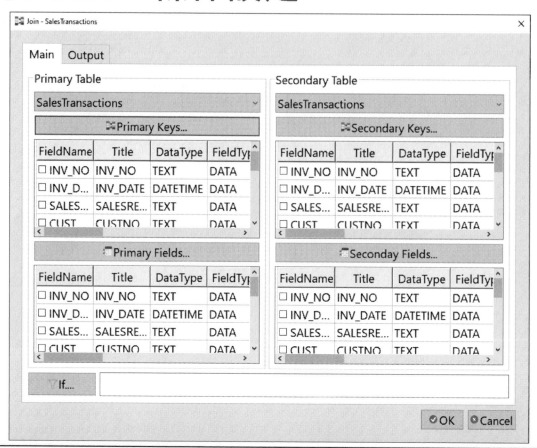

471

比對 JOIN – 輸出設定

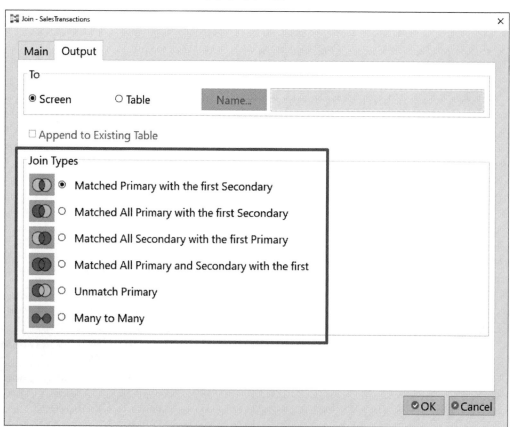

472

4.分析性複核

交叉 CROSSTABLE – 指令說明

- 分類指令之邏輯擴增
- 可以針對二個以上欄位產生報告
- 將欄位以欄及列排列

- 交叉 Crosstable
  - 文字欄位
  - 特定一個以上的文字欄位
  - 特定欄位之小計(選擇性)
  - 包含次數(選擇性)
  - 結果產生在螢幕、圖表或資料表

🖥 主螢幕　🌐 Cross　🕮 程式　📊 結果圖

Vendor_State	Ann Arbor	Austin	Baton Rouge	Bay Minette	Bellevue	Boise
0 AL	0	0	0	1	0	0
1 AZ	0	0	0	0	0	0
2 CA	0	0	0	0	0	0
3 CO 列	0	0	0	0	0	0
4 CT	0	0	0	0	0	0
5 DC	0	0	0	0	0	0
6 FL	0	0	0	0	0	0
7 IA	0	0	0	0	0	0
8 ID	0	0	0	0	0	1
9 IL	0	0	0	0	0	0

行

交叉 CROSSTABLE – 條件設定

- 例如: 分析各部門在各國家的合計薪資。

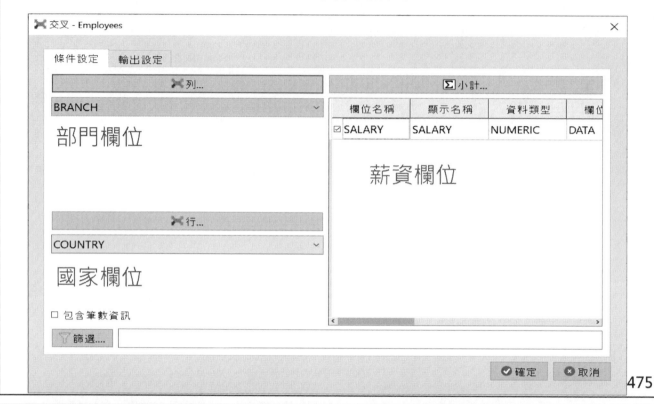

交叉 CROSSTABLE – 結果資料表

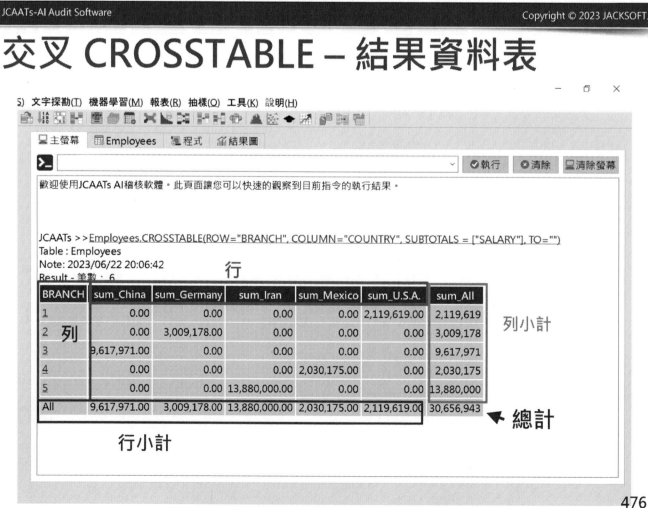

交叉 CROSSTABLE – 結果圖

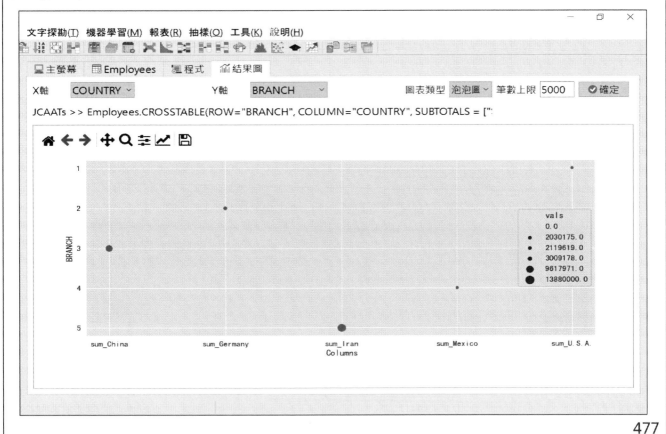

文字探勘(T) 機器學習(M) 報表(R) 抽樣(O) 工具(K) 說明(H)

🖥主螢幕　📖Employees　程式　結果圖

X軸　COUNTRY　　　　Y軸　BRANCH　　　　圖表類型 泡泡圖 筆數上限 5000　✅確定

JCAATs >> Employees.CROSSTABLE(ROW="BRANCH", COLUMN="COUNTRY", SUBTOTALS = [":

477

班佛 BENFORD - 指令說明

- 大自然中1至9的數值中,以「1」出現的頻率為最高, 約30%.「2」次之...其餘依數位值增加而機率降低.

- 資料若不符合此分布,則代表人為操弄的風險高。

$$P(d) = \log_{10}(d+1) - \log_{10}(d) = \log_{10}\left(\frac{d+1}{d}\right) = \log_{10}\left(1 + \frac{1}{d}\right).$$

Digit	Probability
1	30.1%
2	17.6%
3	12.5%
4	9.7%
5	7.9%
6	6.7%
7	5.8%
8	5.1%
9	4.6%

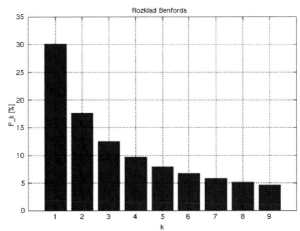

478

班佛 BENFORD – 條件設定

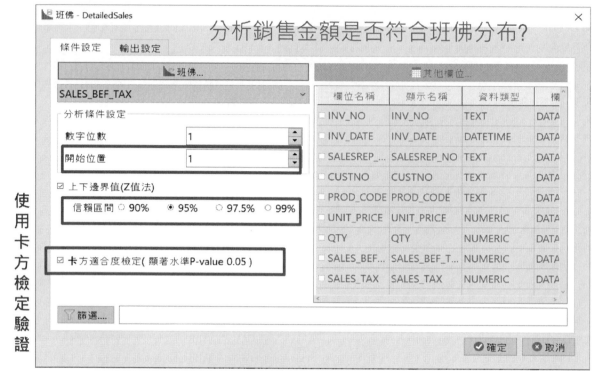

使用卡方檢定驗證

分析銷售金額是否符合班佛分布?

- 可以選擇數字位數與**數字開始位置**，班佛分析更有彈性
- 可以設定上下邊界範圍與檢定驗證，查核結果更有可靠

479

班佛 BENFORD – 結果顯示

JCAATs- AI稽核軟體 教育版 3.3.002

專案(P) 資料(D) 驗證(V) 分析(A) 程式(S) 文字探勘(T) 機器學習(M) 報表(R) 抽樣(Q) 工具(K) 說明(H)

專案
- DEMOJCAT
  - Data
    - Weblog
    - Sales
    - Inventory
    - SalesTransactions
    - Customers
    - Authorization
    - BankTransactions
    - StatisticalReports
    - Employees
    - Payroll
    - DetailedSales
    - Suppliers
    - Payment_New
    - Payments
  - Script

主螢幕　DetailedSales　程式　結果圖

利用卡方檢定發現整體分布不符合班佛的曲線

JCAATs >>DetailedSales.BENFORD(PKEY="SALES_BEF_TAX", LEADING = [1], POSITION = [1], BOUNDS = ["95%"], CHISQUARE = [True], TO="")
Table : DetailedSales
Note: 2023/06/23 18:24:5 Unmatch expected distribution(Chi Square Total:34.962, Critical value for P0.05:15.507, Degrees of Freedom:8)
Result - 筆數：9

Leading Digits	Actual Count	Expected Count	Lower Bound	Upper Bound	Z-state Ratio	Chi-Square Test
1	290	270	247	292	1.14	1.481
2	174	158	139	176	1.379	1.62
3	95	112	95	128	1.662	2.58
4	94	87	72	101	0.753	0.563
5	97	71	57	84	3.162	9.521
6	38	60	47	72	2.372	8.067
7	48	52	40	63	0.595	0.308
8	39	46	34	56	0.96	1.065
9	21	41	30	51	3.17	9.756

不符合班佛分布的數位

DetailedSales　　筆數：900

實際出現次數未包含於下標次數和上標次數之間即不符合班佛分布

480

班佛 BENFORD – 結果圖顯示

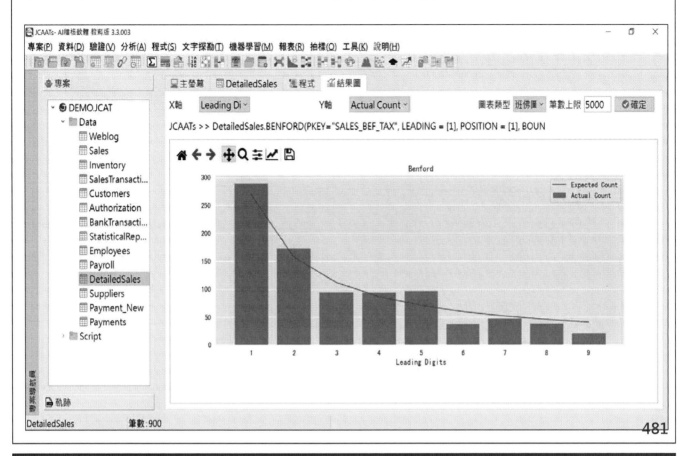

Benford' s Law班佛定律於審計的應用

- **1881年Simon Newcomb發現這個存在大自然的法則**
- **1938年Frank Benford再次驗證後廣為人知，因此稱作 Benford's Law．**
- **1994年經Mark Nigrini實證應用於審計領域**

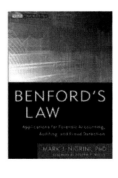
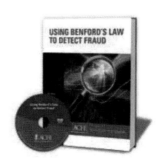

JCAATs AI稽核軟體
班佛定律特色說明

483

1.於JCAATs內班佛指令可直接勾選卡方檢定時出來
結果會直接於螢幕上列示有無符合大自然頻率
若不符合者，則操弄可能性較高
=>可以改善傳統稽核軟體不易看出是否有符合
的缺點

JCAATs >>AR_LINES_ALL.BENFORD(PKEY="Amount", LEADING = [1], POSITION = [1], BOUNDS = ["95%"], CHISQUARE = [True], TO="")

Table : AR_LINES_ALL

Note: 2023/03/02 23:23:08 Unmatch expected distribution(Chi Square Total:69.087, Critical value for P0.05:15.507, Degrees of Freedom:8)

Result - 筆數 ： 9

Leading Digits	Actual Count	Expected Count	Lower Bound	Upper Bound	Zstate Ratio	Chi-Square Test
1	232	236	214	256	0.25	0.068
2	79	138	120	155	5.477	25.225
3	86	98	82	113	1.224	1.469
4	71	76	62	89	0.529	0.329
5	83	62	49	74	2.713	7.113
6	90	52	40	63	5.302	27.769
7	43	45	34	56	0.292	0.089
8	51	40	29	50	1.695	3.025
9	48	36	26	45	1.996	4.0

484

2.JCAATs 新 增 可 以 選 擇 分 析 數 位 之 開 始 位 置：
如 人 為 操 弄 常 會 規 避 標 準 第 1 位 置 (ex. 每 股 盈 餘)
＝＞傳統稽核軟體，若要從第2位以後開始分析，需要
另外撰寫script，使用上較不方便

3.JCAATs 於 班 佛 指 令 增 加 提 供 信 賴 區 間 設 定：
讓資料分析者可依據不同風險程度，彈性設定信賴區
間，從90%、95%、97.5%、99%
＝＞傳統稽核軟體僅固定95%

JCAATs 學習筆記：

隨堂練習-選擇題

(　　　) 7.1國內某一銀行希望彙總出各分行銷售金額最大的理財商品，請問要使用那些指令才能達成?

a. 依分行與商品代號彙總銷售金額，先用排序(Sort)指令依照分行及銷售金額排序(由大到小)後，再用分類(Classify)指令依分行彙總，並同時列出商品代號及銷售金額

b. 依分行與商品代號彙總銷售金額後，先用排序(Sort)指令依照分行及銷售金額排序(由小到大)後，再用彙總(Summarize) 指令依分行彙總，並同時列出商品代號及銷售金額

c. 依分行與商品代號彙總銷售金額後，先用排序(Sort)指令依照分行及銷售金額排序(由大到小)後，再用彙總(Summarize) 指令依分行彙總，並同時列出商品代號及銷售金額

d. 依分行彙總銷售金額後，用排序(Sort)指令依照銷售金額排序(由大到小)後，再用彙總(Summarize) 指令依商品代號彙總，並列出銷售金額

e. 以上皆非

隨堂練習-選擇題

(　　　)7.2關於CAATs 工具(如ACL、JCAATs、IDEA等)其比對(Join)指令，下列敘述何者正確?

a. 鍵值欄位型態與長度需要相同，名稱可以不同
b. 兩個資料表的比對結果不會產生第三個檔案
c. 一次可使用多個資料表(table)來比對
d. 鍵值欄位型態與名稱均需要相同
e. 以上皆非

(　　　)7.3關於比對(Join)指令，下列敘述何者正確?

a. 兩個資料表聯結之前次要檔不必進行排序
b. 可結合兩個排序的檔案的欄位，成為第三個檔案
c. 兩個資料表的連結結果直接在主要檔中呈現，不會產生第三個檔案
d. 鍵值欄位型態可以不相同，但是必須要有相同長度
e. 以上皆是

隨堂練習-選擇題

(   )7.4分層(Stratify)指令為：
a. 用來對資料依時間距離分層彙總的指令
b. 用來演算每一個文字欄位內唯一值的資料，並產生記錄個數與其他數值欄位的小計值的指令
c. 主要應用在排序後資料表格，對每個關鍵文字欄位的不同值分類產生記錄筆數和數值欄位的加總
d. 可用來設定在行跟列中的關鍵欄位來進行分析，透過交叉分析關鍵欄位，可以產生多樣的彙總資訊
e. 用來計算落在數值欄位或運算值的特定區間或層級記錄，並且分層對一個或多個欄位來進行加總小計

(   )7.5模糊重複(Fuzzy Duplicates)可以用在哪方面查核？
a. 相似度高的地址
b. 疑似重複員工姓名
c. 重複的廠商名稱
d. 重複的客戶資料
e. 以上皆是

489

隨堂練習-選擇題

(   )7.6某銀行內部稽核希望查核是否貸款是否有充足的抵押擔保，並根據最近的付款日期進行適當分類，劃分流動和非流動。為實現這些審計目標，請選出最佳的審計程式：
a. 抽取超過一定限額的一組貸款樣本，確定是否屬流動性並正確分類，對每筆經批准的貨款，證實其年限和分類
b. 對所有貸款申請進行發現抽樣，確定是否每個申請都附有抵押聲明書
c. 選取貸款支付的樣本，追查至原貸款，確認這些支付是否都經過適當申請手續，並對申請進行審查以確定是否有適當的抵押
d. 使用通用審計軟體讀取貸款總檔，根據付款日期來劃分其流動性，審查每項貸款是否正確進行抵押和分類
e. 使用通用審計軟體讀取貸款總檔，根據最近一次付款日期劃分其流動性，並按流動和非流動進行分層統計抽樣。審查抽取到的每項貸款是否正確進行抵押擔保與分類

490

隨堂練習-選擇題

(　　)7.7想從薪資發放檔與員工主檔中查核薪資是否正確發放，可透過以下何方式進行？
- a. 以薪資發放檔為主檔，比對(Join)員工主檔，使用All Primary and Secondary將需要欄位帶出後再透過運算式計算差異數
- b. 以員工主檔為主檔，比對(Join)薪資發放檔，使用All Primary and Secondary將需要欄位帶出後再透過運算式計算差異數
- c. 以薪資發放檔為主檔，比對(Join)員工主檔，使用Match Primary and Secondary將需要欄位帶出後再透過運算式計算差異數
- d. 以員工主檔為主檔，比對(Join)薪資發放檔，使用Match Primary and Secondary將需要欄位帶出後再透過運算式計算差異數
- e. 以上皆可

(　　)7.8下列關於比對(Join)指令何者為非？
- a. 要比對檔案資料須屬於同一個專案檔。
- b. 兩個檔案中需有共同特徵欄位/鍵值欄位(例如：員工編號、身份證號)。
- c. 特徵欄位中的資料型態、長度不需要一致。
- d. 執行比對時須先將次要檔案進行排序。
- e. 特徵欄位中的資料型態、長度需要一致。

隨堂練習-選擇題

(　　)7.9經理想請你找出12月份已死亡客戶又有領用支票紀錄之異常情況，你已經獲得12月死亡戶清冊與支票領用紀錄，請問要使用那些指令才可以達成？
- a. 以支票領用紀錄為主檔用比對(JOIN)指令比對出死亡客戶領用記錄，再篩選死亡日>領用日
- b. 以支票領用紀錄為主檔用比對(JOIN)指令比對出死亡客戶領用記錄，再篩選領用日>死亡日
- c. 支票領用紀錄先用排序(Sort)指令依帳號、領用日期大到小排序，再用彙總(Summarize) 指令依帳號彙總，並同時列出領用日期；並以彙總後支票領用紀錄為主檔用比對(JOIN)指令比對出死亡客戶領用記錄，再篩選領用日>死亡日
- d. 支票領用紀錄先用排序(Sort)指令依帳號、領用日期大到小排序，再用彙總(Summarize) 指令依帳號彙總，並同時列出領用日期；並以死亡客戶領用記錄為主檔用比對(JOIN)指令比對彙總後支票領用紀錄，再篩選領用日>死亡日
- e. 支票領用紀錄先用排序(Sort)指令依帳號、領用日期大到小排序，再用彙總(Summarize) 指令依帳號彙總，並同時列出領用日期；並以死亡客戶領用記錄為主檔用比對(JOIN)指令比對彙總後支票領用紀錄，再篩選死亡日>領用日

隨堂練習-選擇題

(　　)7.10某銀行想了解各分行客戶大額交易(金額50萬含以上)之狀況，所以請稽核單位列出經常有大額交易金額前5大的分行，以利了解原因及控管，請問要使用那些指令才可以達成？

　　a. 先用排序(Sort)指令依分行排序，再用彙總(Summarize)指令依分行彙總交易金額，最後用排序找出前5大的分行

　　b. 先用篩選(Filter)指令篩選交易金額>50萬之明細，再用排序(Sort)指令依分行排序，最後用彙總(Summarize)指令依分行彙總交易金額。

　　c. 先用篩選(Filter)指令篩選交易金額>50萬之明細，再用彙總(Summarize)指令依分行彙總交易金額，最後用排序找出前5大的分行。

　　d. 先用篩選(Filter)指令篩選交易金額>=50萬之明細，再用排序(Sort)指令依分行排序，最後用彙總(Summarize)依分行彙總交易金額。

　　e. 以上皆非。

隨堂練習-選擇題

(　　)7.11黃稽核想了解銀行內是否有理專人員販售高風險之理財商品給70歲以上的客戶，以利查核是否有不法利益勸說之情況。請問在CAATs中需使用哪些指令可以達成？

　　a. 比對指令(Join), 彙總指令 (Summarize) 和篩選器 (Filter)

　　b. 比對指令(Join), 公式欄位 (Expression) 和篩選器 (Filter)

　　c. 分層指令 (Stratify), 公式欄位(Expression) 和比對指令 (Join)

　　d. 分類指令 (Classify), 公式欄位(Expression) 和比對指令(Join)

　　e. 以上皆非

(　　)7.12以下關於是否依規定辦理個資檔案銷毀查核之敘述何者為非?

　　a. 需要先了解個資檔案管理相關規定，包含存放期間與存放路徑、命名規則等

　　b. 個資檔案應永久保存並定期稽核並無規定需要銷毀

　　c. 可臨時抽查重要個資檔案伺服器或員工個人電腦，實際取得個人電腦檔案清單並匯入電腦輔助稽核軟體中，分析查核是否逾期應該銷毀的個資檔案

　　d. 可以使用.dt.days函式，取代固定時間之稽核提高查核成效

　　e. GDPR新增規定被遺忘權，需要進行個資檔案銷毀相關查核

隨堂練習

練習7.1、請練習分類指令，針對進貨交易檔
　　　　(AP_Transaction_ALL)，依供應商編號
　　　　(Vendor_No) 欄位進行分類，並分析每一廠商合計
　　　　訂購金額(Invoice_Amount)，進行後續查核。

練習7.2、請練習分類指令，針對進貨交易檔
　　　　(AP_Transaction_ALL)，依供應商編號
　　　　(Vendor_No) 欄位進行分類，並進行每一廠商訂購
　　　　金額(Invoice_Amount)之敘述性統計分析、集中
　　　　趨勢分析、四分位數分析、離散程度分析，以增進
　　　　營運管理效率。

495

練習解答7.1

496

練習解答

7.1、分析>分類對進貨交易檔(AP_Transaction_ALL)進行分類

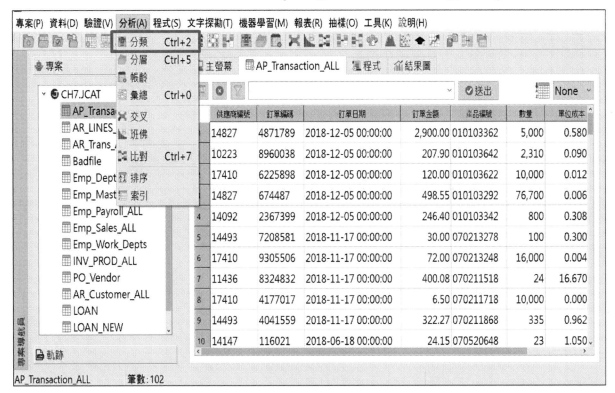

練習解答

7.1、以供應商編號(Vendor_No)加總訂單金額進行查核

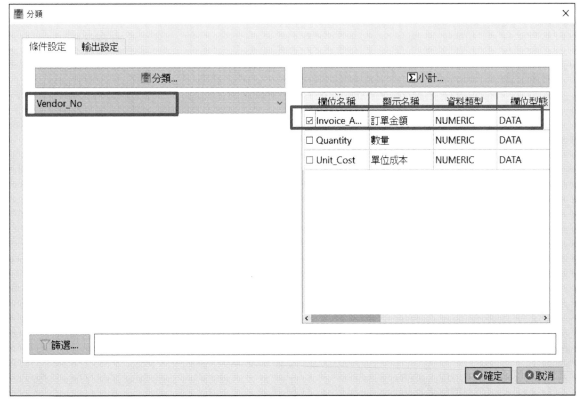

練習解答
7.1、匯出至新資料表以利於後續查核

練習解答
7.1、共有37筆廠商資料

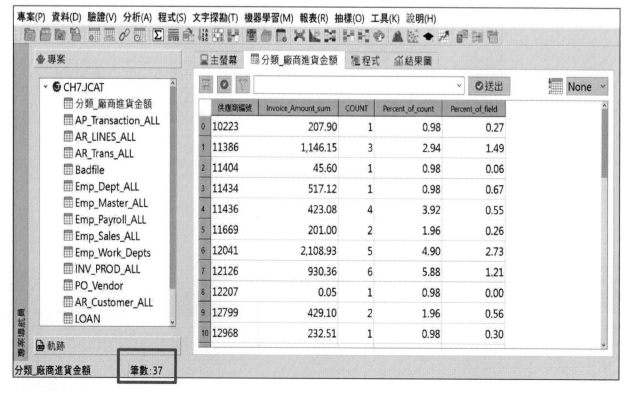

AI Audit Expert

練習解答7.2

練習解答

7.2、分析→分類對進貨交易檔(AP_Transaction_ALL)進行分類

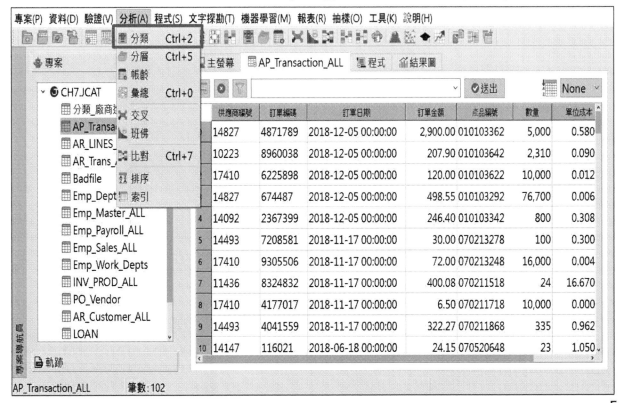

練習解答
7.2、以供應商編號(Vendor_No)加總訂單金額進行查核

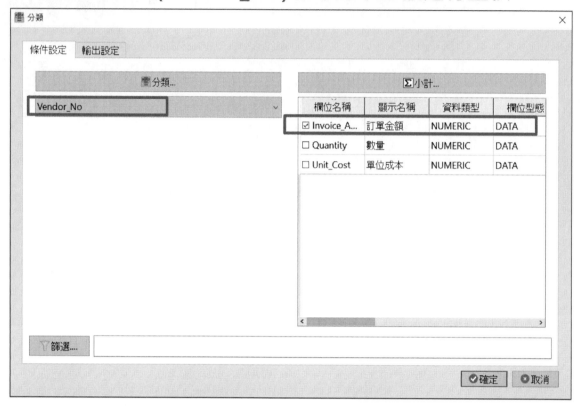

503

練習解答
7.2、請選取敘述性統計分析、集中趨勢分析、四分位數分析、離散程度分析,並匯出至新資料表。

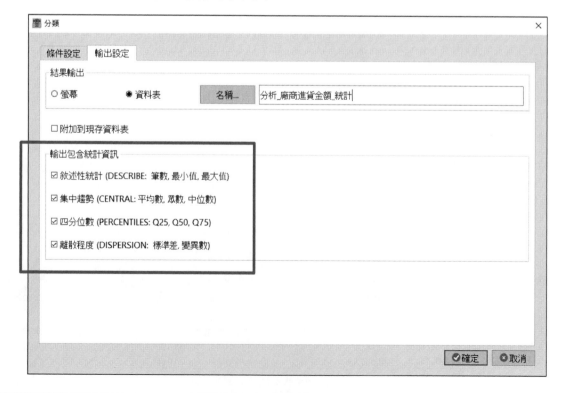

504

練習解答
7.2、共有37筆廠商資料

	供應商編號	voice_Amount_su	COUNT	voice_Amount_m	voice_Amount_mi	oice_Amount_mec	voice_Amount_av	oice_Amount_mo	voice_Amount_Q	voice_Amoun
0	10223	207.90	1	207.90	207.90	207.90	207.90	207.90	207.90	207
1	11386	1,146.15	3	1.80	1,032.00	112.35	382.05	1.80	57.08	112
2	11404	45.60	1	45.60	45.60	45.60	45.60	45.60	45.60	45
3	11434	517.12	1	517.12	517.12	517.12	517.12	517.12	517.12	517
4	11436	423.08	4	2.90	400.08	10.05	105.77	2.90	5.22	10
5	11669	201.00	2	6.00	195.00	100.50	100.50	6.00	53.25	100
6	12041	2,108.93	5	9.98	1,032.50	390.00	421.79	9.98	186.41	390
7	12126	930.36	6	4.50	573.04	92.91	155.06	4.50	22.20	92
8	12207	0.05	1	0.05	0.05	0.05	0.05	0.05	0.05	0
9	12799	429.10	2	132.60	296.50	214.55	214.55	132.60	173.58	214
10	12968	232.51	1	232.51	232.51	232.51	232.51	232.51	232.51	232
11	13265	1,441.20	3	108.00	1,188.00	145.20	480.40	108.00	126.60	145
12	13626	2,019.86	2	2.90	2,016.96	1,009.93	1,009.93	2.90	506.42	1,009
13	13772	2,238.29	5	20.30	1,239.66	351.00	447.66	20.30	214.83	351
	14062	12,064.64	7	2.20	8,649.00	124.21	1,994.95	2.20	13.02	124

筆數: 37

505

隨堂練習

練習7.3、請練習彙總指令，針對進貨交易檔
(AP_Transaction_ALL)，依供應商編號
(Vendor_No) 欄位進行分類，並分析每一廠商合計
訂購金額(Invoice_Amount)，進行後續查核。

練習7.4、請練習彙總指令，針對進貨交易檔
(AP_Transaction_ALL)，依供應商編號
(Vendor_No) 欄位進行分類，並進行每一廠商訂購
金額(Invoice_Amount)之敘述性統計分析、集中
趨勢分析、四分位數分析、離散程度分析，以增進
營運管理效率。

506

AI Audit Expert

練習解答7.3

練習解答

7.3、分析→彙總對進貨交易檔(AP_Transaction_ALL)進行彙總

練習解答
7.3、以供應商編號(Vendor_No)彙總訂單金額進行查核

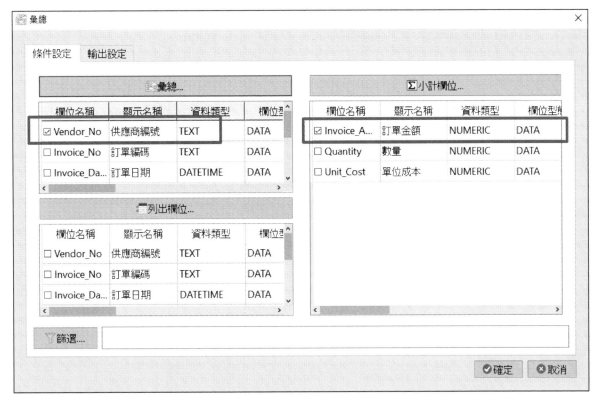

509

練習解答
7.3、匯出至新資料表以利於後續查核

510

練習解答

7.3、共37筆廠商資料，可由該資料進行後續查核。

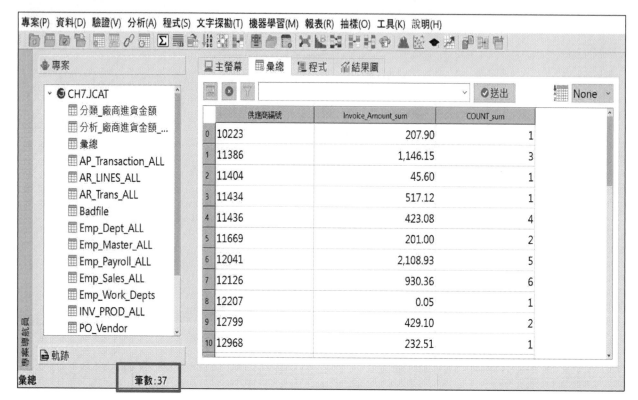

練習解答
7.4、分析→彙總對進貨交易檔(AP_Transaction_ALL)進行彙總

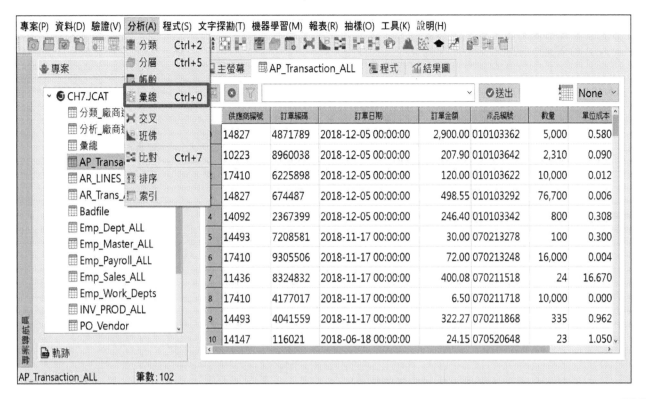

513

練習解答
7.4、以供應商編號(Vendor_No)彙總訂單金額進行查核。

514

練習解答

7.4、請選取敘述性統計分析、集中趨勢分析、四分位數分析、離散程度分析,並匯出至新資料表。

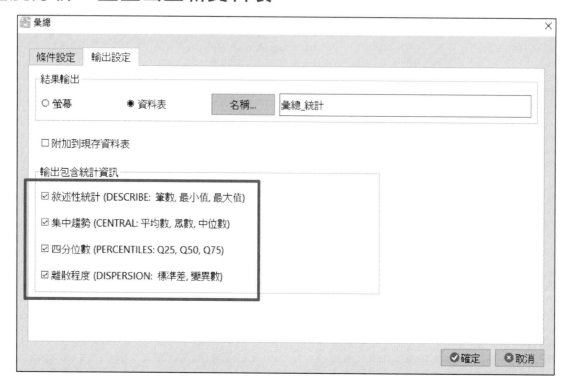

練習解答

7.4、共37筆廠商資料,可由該資料進行後續查核。

隨堂練習

練習7.5、請練習分層指令，針對進貨交易檔
　　　　　(AP_Transaction_ALL)，每一廠商金額
　　　　　(Invoice_Amount)，進行分層分析(等分或自訂)，
　　　　　以利後續查核。

練習7.6、請練習帳齡指令，針對銷售交易檔(AR_Lines_ALL)
　　　　　資料表依到期日(Due)欄位作帳齡分析，設定截止日
　　　　　(Cutoff date)為2019/12/31，以0, 30, 60, 90, 120,
　　　　　10000天為帳齡期間，計算每一期帳齡的交易金額
　　　　　(Trans_Amount)，以利後續查核。

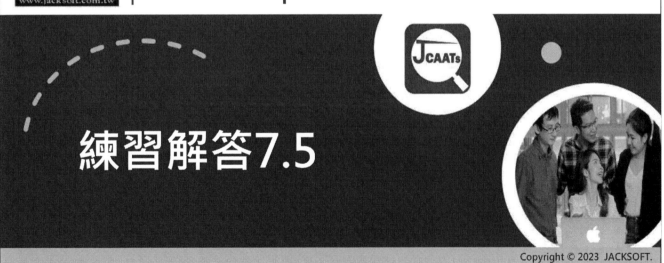

練習解答

7.5、分析➔分層對進貨交易檔(AP_Transaction_ALL)進行分層

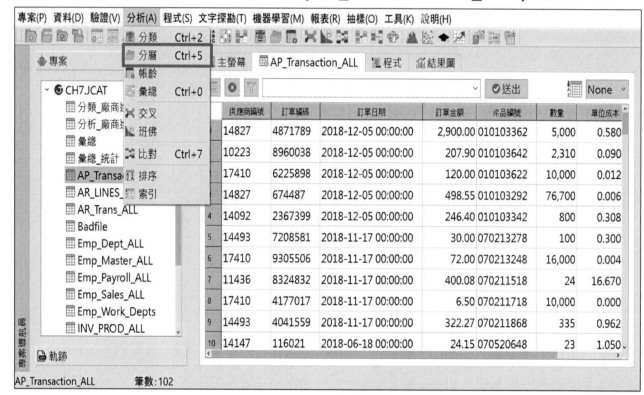

519

練習解答

7.5、對每一廠商金額(Invoice_Amount)，進行分層分析(等分或自訂)，並加總訂單金額以利後續查核。

520

練習解答
7.5、可由分層結果查找該區間之資料以進行後續查核

JACL >>AP_Transaction_ALL.STRATIFY(KEY=["Invoice_Amount"], SUBTOTAL = ["Invoice_Amount"], INTERVAL = [10],
MINIMUM = [0.04], MAXIMUM = [14508.36], TO="")
Table : AP_Transaction_ALL
Note: 2023/01/11 15:20:14
Result - 筆數： 10

Invoice_Amount_interval	Invoice_Amount_sum	Invoice_Amount_count	Percent_of_count	Percent_of_field
0.04 ~ 1450.87	21,783.61	88	86.27	28.23
1450.88 ~ 2901.7	22,204.17	10	9.80	28.78
2901.71 ~ 4352.53	0.00	0	0.00	0.00
4352.54 ~ 5803.36	10,018.75	2	1.96	12.99
5803.37 ~ 7254.19	0.00	0	0.00	0.00
7254.2 ~ 8705.02	8,640.00	1	0.98	11.20
8705.03 ~ 10155.85	0.00	0	0.00	0.00
10155.86 ~ 11606.68	0.00	0	0.00	0.00
11606.69 ~ 13057.51	0.00	0	0.00	0.00
13057.52 ~ 14508.36	14,508.36	1	0.98	18.80

521

練習解答
7.5、可由檢視區檢視各區間之資料欄位

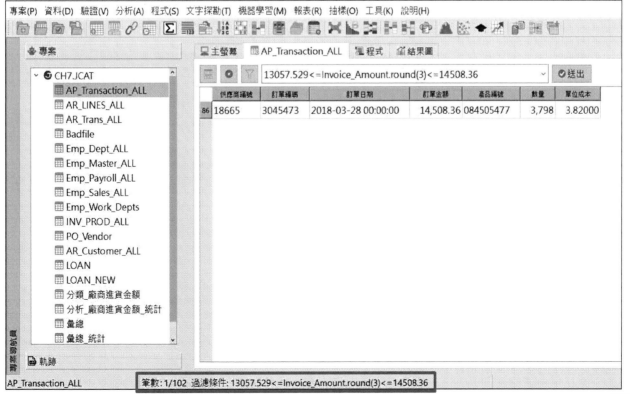

522

AI Audit Expert

練習解答7.6

練習解答

7.6、分析→帳齡對銷售交易檔(AR_LINES_ALL)進行帳齡分析

練習解答

7.6、對銷售交易檔(AR_LINES_ALL)資料表依到期日(Due)欄位作帳齡分析,設定截止日(Cutoff date)為2019/12/31,以0, 30, 60, 90, 120, 10000天為帳齡期間,計算交易金額(Amount)。

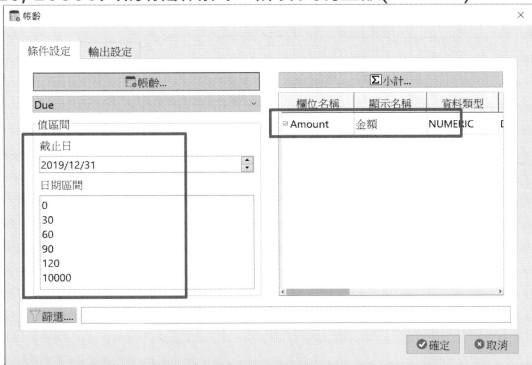

練習解答

7.6、請可由帳齡期間查找該區間之資料以進行後續查核

JCAATs >>AR_LINES_ALL.AGE(KEY="Due", SUBTOTAL = ["Amount"], CUTOFF = ["2019/12/31"], INTERVAL = ["0","30","60","90","120","10000"], TO="")

Table : AR_LINES_ALL

Note: 2023/07/11 15:23:50

Result - 筆數 : 8

Days	Amount_sum	COUNT	Percent_of_count	Percent_of_field
< 0	29,178.67	219	27.90	6.18
0 ~ 29	172,116.16	246	31.34	36.45
30 ~ 59	129,133.34	179	22.80	27.35
60 ~ 89	120,153.91	107	13.63	25.44
90 ~ 119	18,389.47	25	3.18	3.89
120 ~ 9999	3,254.48	9	1.15	0.69
>= 10000	0.00	0	0.00	0.00
NaT	0.00	0	0.00	0.00

練習解答
7.6、可由檢視區檢視各期間之資料欄位

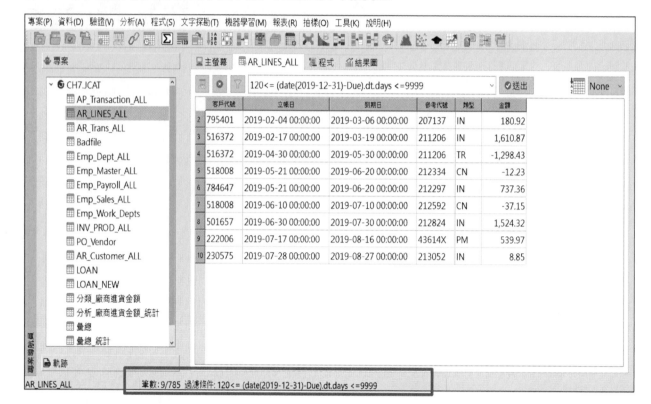

527

隨堂練習

練習7.7、請利用萃取指令，萃取出庫存(INV_PROD_ALL)
資料表中地點(Location)欄位為05的資料紀錄，
並另存成**倉庫5庫存**資料表。

練習7.8、請利用匯出指令，選擇匯出庫存(INV_PROD_ALL)
資料表中產品類型、產品編號、地點、產品說明
(**ProdCls**、**ProdNo**、**Location**、**ProdDesc**)欄位
的資料，並匯出成**INV_PROD_ALL_NEW.xls**資料表。

528

練習解答7.7

練習解答
7.7、報表→萃取庫存資料檔(INV_PROD_ALL)

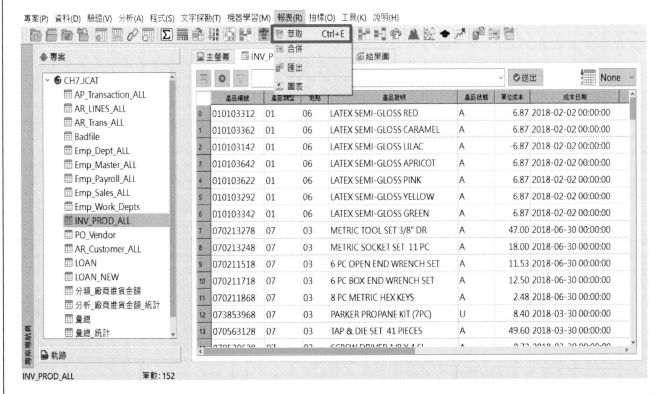

練習解答

7.7、設定篩選條件Location == "05"篩選出地點欄位為05的資料紀錄。

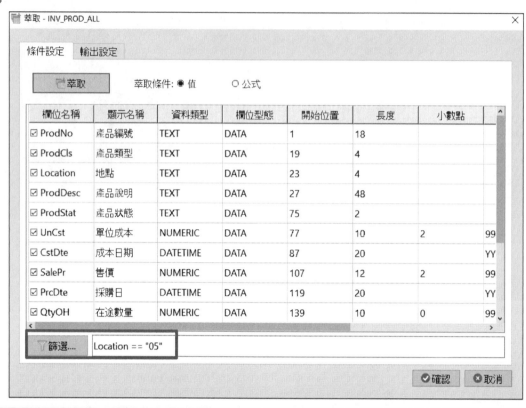

531

練習解答

7.7、匯出新資料表以利後續查核。

532

練習解答

7.7、共13筆地點欄位為05的資料紀錄

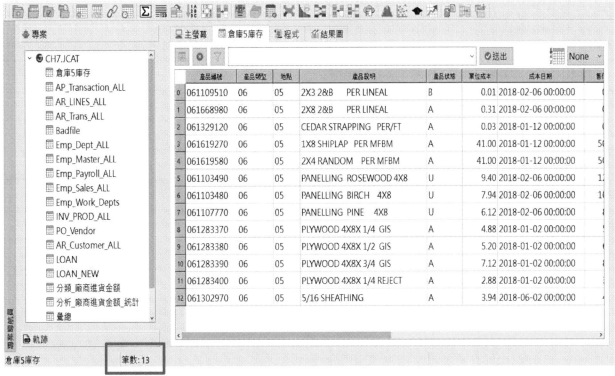

練習解答7.8

練習解答
7.8、報表→匯出庫存資料檔(INV_PROD_ALL)

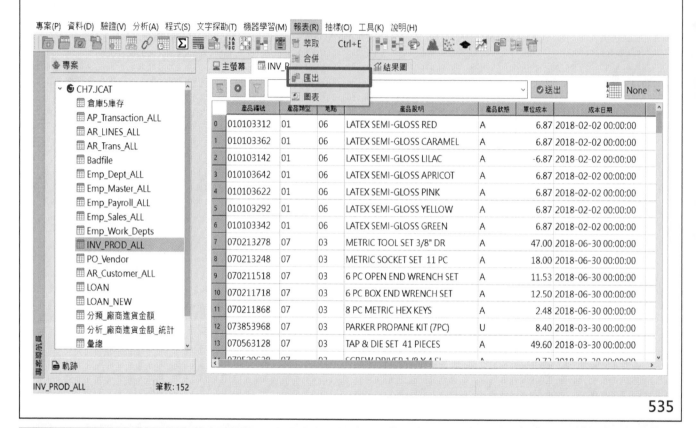

專案(P) 資料(D) 驗證(V) 分析(A) 程式(S) 文字探勘(T) 機器學習(M) 報表(R) 抽樣(O) 工具(K) 說明(H)

專案	主螢幕	INV_P					
	萃取	Ctrl+E					
	合併					送出	None
	匯出						
	圖表						

CH7.JCAT
- 倉庫5庫存
- AP_Transaction_ALL
- AR_LINES_ALL
- AR_Trans_ALL
- Badfile
- Emp_Dept_ALL
- Emp_Master_ALL
- Emp_Payroll_ALL
- Emp_Sales_ALL
- Emp_Work_Depts
- INV_PROD_ALL
- PO_Vendor
- AR_Customer_ALL
- LOAN
- LOAN_NEW
- 分類_廠商進貨金額
- 分析_廠商進貨金額_統計
- 彙總
- 軌跡

	產品編號	產品類型	地點	產品說明	產品狀態	單位成本	成本日期
0	010103312	01	06	LATEX SEMI-GLOSS RED	A	6.87	2018-02-02 00:00:00
1	010103362	01	06	LATEX SEMI-GLOSS CARAMEL	A	6.87	2018-02-02 00:00:00
2	010103142	01	06	LATEX SEMI-GLOSS LILAC	A	-6.87	2018-02-02 00:00:00
3	010103642	01	06	LATEX SEMI-GLOSS APRICOT	A	6.87	2018-02-02 00:00:00
4	010103622	01	06	LATEX SEMI-GLOSS PINK	A	6.87	2018-02-02 00:00:00
5	010103292	01	06	LATEX SEMI-GLOSS YELLOW	A	6.87	2018-02-02 00:00:00
6	010103342	01	06	LATEX SEMI-GLOSS GREEN	A	6.87	2018-02-02 00:00:00
7	070213278	07	03	METRIC TOOL SET 3/8" DR	A	47.00	2018-06-30 00:00:00
8	070213248	07	03	METRIC SOCKET SET 11 PC	A	18.00	2018-06-30 00:00:00
9	070211518	07	03	6 PC OPEN END WRENCH SET	A	11.53	2018-06-30 00:00:00
10	070211718	07	03	6 PC BOX END WRENCH SET	A	12.50	2018-06-30 00:00:00
11	070211868	07	03	8 PC METRIC HEX KEYS	A	2.48	2018-06-30 00:00:00
12	073853968	07	03	PARKER PROPANE KIT (7PC)	U	8.40	2018-03-30 00:00:00
13	070563128	07	03	TAP & DIE SET 41 PIECES	A	49.60	2018-03-30 00:00:00
	070536628	07	03	SCREW DRIVER 1/8 X 4 SL		0.72	2018-03-30 00:00:00

INV_PROD_ALL　　　　　筆數: 152

535

練習解答
7.8、選取資料表中產品類型、產品編號、地點、產品說明欄位並匯出成INV_PROD_ALL_NEW.xls資料表。

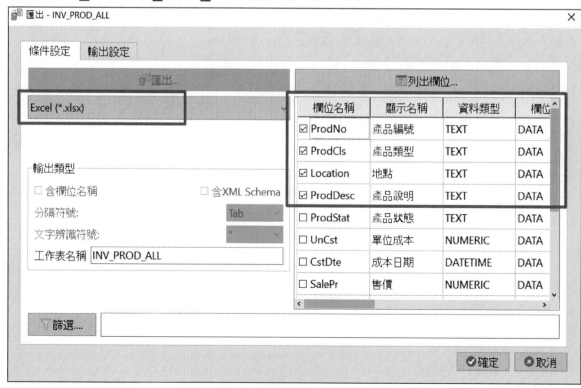

匯出 - INV_PROD_ALL

條件設定　　輸出設定

匯出...
Excel (*.xlsx)

列出欄位...

欄位名稱	顯示名稱	資料類型	欄位
☑ ProdNo	產品編號	TEXT	DATA
☑ ProdCls	產品類型	TEXT	DATA
☑ Location	地點	TEXT	DATA
☑ ProdDesc	產品說明	TEXT	DATA
☐ ProdStat	產品狀態	TEXT	DATA
☐ UnCst	單位成本	NUMERIC	DATA
☐ CstDte	成本日期	DATETIME	DATA
☐ SalePr	售價	NUMERIC	DATA

輸出類型
- ☐ 含欄位名稱　　　　☐ 含XML Schema
- 分隔符號: Tab
- 文字辨識符號: "
- 工作表名稱 INV_PROD_ALL

篩選...

確定　　取消

536

練習解答
7.8、可於儲存路徑確認並開啟INV_PROD_ALL_NEW.xls資料表。

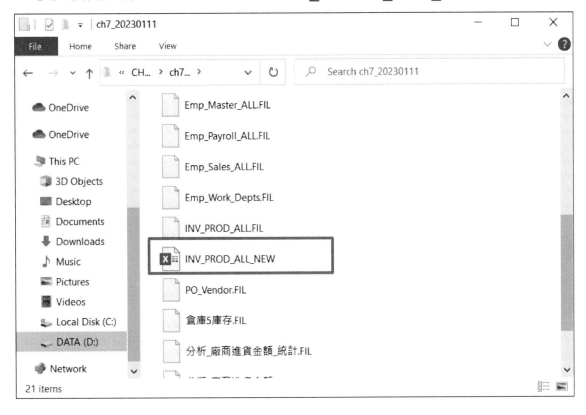

537

練習解答
7.8、可於儲存路徑確認並開啟INV_PROD_ALL_NEW.xls資料表。

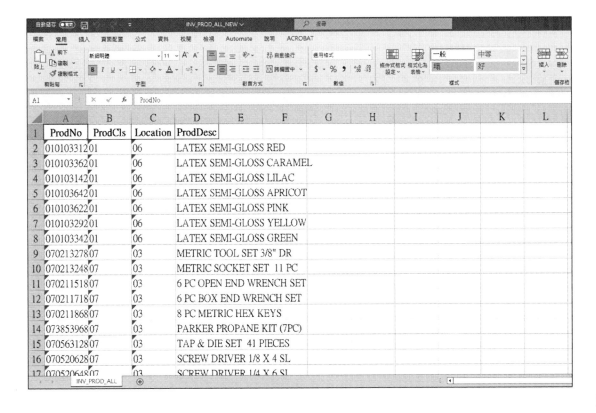

538

隨堂練習

練習7.9、請利用**排序**指令,針對進貨交易檔
(**AP_Transaction_ALL**)資料表中**供應商編號**欄位為
第一排序欄位(由小到大),**訂單金額**欄位為第二排序
欄位(由大到小),並另存成**供應商金額排序**資料表。

練習7.10、請利用索引指令,針對進貨交易檔
(**AP_Transaction_ALL**)資料表中**供應商編號**欄位為
第一排序欄位(由小到大),第二排序**訂單編號**(由小
到大),第三排序**產品編號**(由小到大),並另存成**訂單
產品索引檔**,讓進貨交易檔資料表依索引檔排序。

 | AI Audit Expert

練習解答7.9

Copyright © 2023 JACKSOFT.

練習解答
7.9、分析→排序對進貨交易檔(AP_Transaction_ALL)進行排序

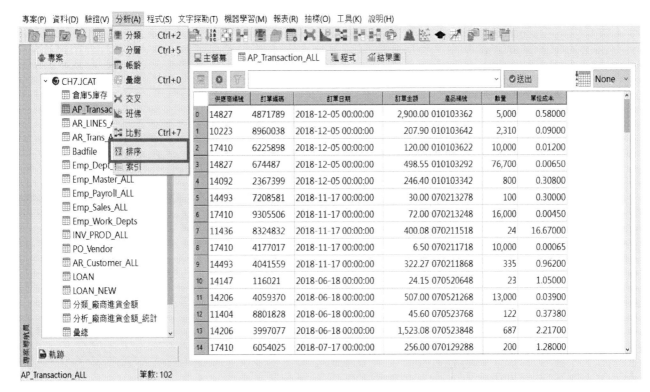

練習解答
7.9、選取供應商編號欄位為第一排序欄位(由小到大)，訂單金額欄位為第二排序欄位(由大到小)。

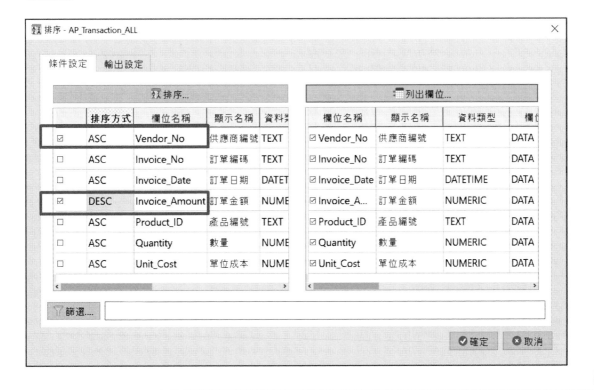

練習解答

7.9、另存成供應商金額排序資料表。

543

練習解答

7.9、可由檢視區檢視排序後之資料欄位

專案(P) 資料(D) 驗證(V) 分析(A) 程式(S) 文字探勘(T) 機器學習(M) 報表(R) 抽樣(O) 工具(K) 說明(H)

◆專案

- ∨ ⑤ CH7.JCAT
  - 倉庫5庫存
  - 供應商金額排序
  - AP_Transaction_ALL
  - AR_LINES_ALL
  - AR_Trans_ALL
  - Badfile
  - Emp_Dept_ALL
  - Emp_Master_ALL
  - Emp_Payroll_ALL
  - Emp_Sales_ALL
  - Emp_Work_Depts
  - INV_PROD_ALL
  - PO_Vendor
  - AR_Customer_ALL
  - LOAN
  - LOAN_NEW
  - 分類_廠商進貨金額
  - 分析_廠商進貨金額_統計
- 軌跡

主螢幕　供應商金額排序　程式　結果圖

	供應商編號	訂單金額	訂單編號	訂單日期	產品編號	數量	單位成本
0	10223	207.90	8960038	2018-12-05 00:00:00	010103642	2,310	0.09000
1	11386	1,032.00	2883409	2018-03-24 00:00:00	051068576	800	1.29000
2	11386	112.35	8428009	2018-01-29 00:00:00	061302970	1,050	0.10700
3	11386	1.80	7464775	2018-11-17 00:00:00	050900016	10,000	0.00018
4	11404	45.60	8801828	2018-06-18 00:00:00	070523768	122	0.37380
5	11434	517.12	1697589	2018-03-04 00:00:00	061283400	2,560	0.20200
6	11436	400.08	8324832	2018-11-17 00:00:00	070211518	24	16.67000
7	11436	14.10	1303118	2018-03-03 00:00:00	061619580	47	0.30000
8	11436	6.00	2882228	2018-02-18 00:00:00	040722403	5,000	0.00120
9	11436	2.90	7392615	2018-10-18 00:00:00	030109855	5,000	0.00058
10	11669	195.00	8707761	2018-08-18 00:00:00	040134403	5,000	0.03900
11	11669	6.00	1758078	2018-10-17 00:00:00	070502378	5,000	0.00120
12	12041	1,032.50	4152938	2018-04-27 00:00:00	050279966	350	2.95000
13	12041	490.04	8695613	2018-11-30 00:00:00	070501268	197	2.48750
14	12041	390.00	1146801	2018-10-17 00:00:00	070502308	1,300	0.30000

供應商金額排序　　　筆數: 102

544

AI Audit Expert

練習解答7.10

練習解答
7.10、分析→索引對進貨交易檔(AP_Transaction_ALL)進行索引

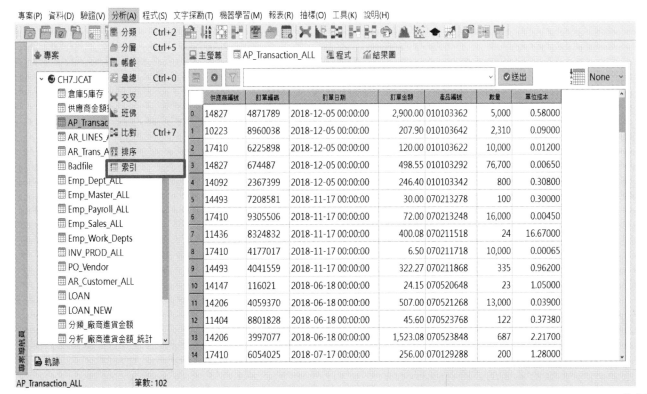

練習解答

7.10、選取供應商編號欄位為第一排序欄位(由小到大),第二排序訂單編號(由小到大),第三排序產品編號(由小到大)。

練習解答

7.10、另存成訂單產品索引檔,讓進貨交易檔依索引檔排序。

練習解答
7.10、可由檢視區檢視依索引檔排序後之資料欄位

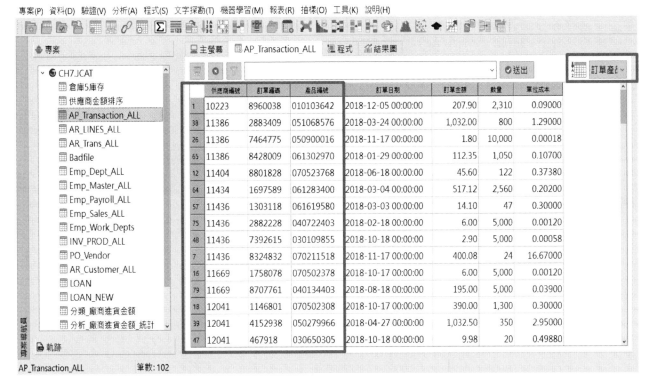

隨堂練習

練習7.11、請利用比對指令,以員工資料表(Emp_Master_ALL)
為**主表**,員工薪資表(Emp_Payroll_ALL) 為**次表**,
主表與次表以員工編號為勾稽比對欄位,選取列出
主表的員工編號、工作部門、核定薪資(EmpNo、
WorkDept、Pay_Per_Period)欄位與次表的付款總額
(Gross_Pay)欄位,並將結果儲存為**員工薪資明細**
資料表。

練習7.12、請利用比對指令,以員工資料表(Emp_Master_ALL)
為**主表**,員工薪資表(Emp_Payroll_ALL) 為**次表**,
主表與次表以**員工編號**為勾稽比對欄位,選取列出
主表的所有欄位,列出所有無付薪的員工資料存為**未付
薪員工**資料表。

AI Audit Expert

練習解答7.11

練習解答

7.11、比對員工資料表與員工薪資表，列出主表的員工編號、工作部門、核定薪資與次表付款總額欄位。

- 開啟查核資料表(Emp_Master_ALL)

- 選取分析→比對

練習解答

7.11、比對員工資料表與員工薪資表，列出主表的員工編號、工作部門、核定薪資與次表付款總額欄位。

- **選取主表：**
  Emp_Master_ALL
- **選取次表：**
  Emp_Payroll_ALL
- **主表關鍵欄位：**
  Emp_no
- **次表關鍵欄位：**
  Emp_no
- **主表欄位：**
  1.員工編號、2.工作部門、3.核定薪資
- **次表欄位：**
  付款總額

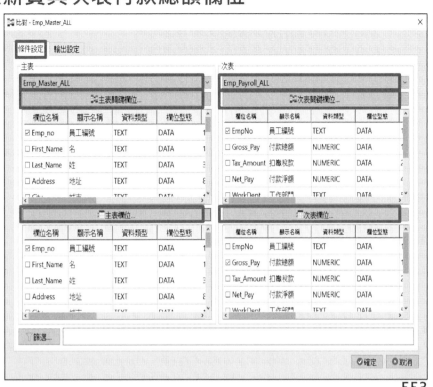

練習解答

7.11、比對員工資料表與員工薪資表，列出主表的員工編號、工作部門、核定薪資與次表付款總額欄位。

- 點選**主表關鍵欄位**
- 於**可選欄位**中
  選取所需要的
  關鍵欄位：

  Emp_no

練習解答

7.11、比對員工資料表與員工薪資表,列出主表的員工編號、工作部門、核定薪資與次表付款總額欄位。

- 點選**次表關鍵欄位**
- 選取次表關鍵欄位:Emp_no

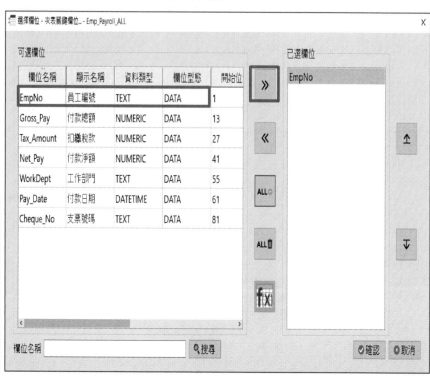

練習解答

7.11、比對員工資料表與員工薪資表,列出主表的員工編號、工作部門、核定薪資與次表付款總額欄位。

- 點選**主表欄位**
- 選取主表所需欄位:
  1.員工編號
  2.工作部門
  3.核定薪資

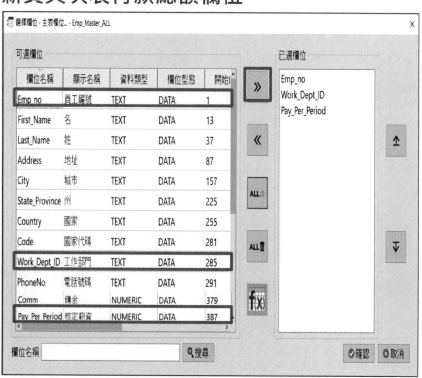

練習解答
7.11、比對員工資料表與員工薪資表，列出主表的員工編號、工作部門、核定薪資與次表付款總額欄位。

- 點選**次表欄位**
- 選取次表所需欄位：付款總額

557

練習解答
7.11、比對員工資料表與員工薪資表，列出主表的員工編號、工作部門、核定薪資與次表付款總額欄位。

- 設定所需資料表名稱(員工薪資明細)
- 選取比對類型：Matched Primary with the first Secondary

558

練習解答

7.11、比對員工資料表與員工薪資表,列出主表的員工編號、工作部門、核定薪資與次表付款總額欄位。

	員工編號	EmpNo	工作部門	核定薪資	付款總額
0	000010	000010	A00	4552.50	1217.57
1	000020	000020	B01	3794.00	4664.50
2	000030	000030	C01	3344.00	1522.22
3	000050	000050	E01	3504.35	5122.11
4	000060	000060	D11	2844.00	2363.14
5	000070	000070	D21	3170.60	2018.28
6	000100	000100	E21	2335.55	5206.04
7	000110	000110	A00	4031.40	4385.31
8	000120	000120	A00	2650.76	1502.81
9	000130	000130	C01	2139.74	5099.02
10	000140	000140	C01	2524.74	4042.68
11	000150	000150	D11	2263.08	3251.41
12	000160	000160	D11	2010.58	1704.90
13	000170	000170	D11	2213.08	4708.77
14	000180	000180	D11	1934.74	4716.14

查核說明:
以員工資料表為主表,員工薪資表為次表,以比對指令查核確實付薪員工

筆數:41

共41筆資料

jacksoft | AI Audit Expert

www.jacksoft.com.tw

練習解答7.12

練習解答
7.12、比對員工資料表與員工薪資表，列出主表所有欄位

- 開啟查核資料表(Emp_Master_ALL)
- 選取分析→比對

練習解答
7.12、比對員工資料表與員工薪資表，列出主表所有欄位

- **選取主表：**
  Emp_Master_ALL
- **選取次表：**
  Emp_Payroll_ALL
- **主表關鍵欄位：**
  Emp_no
- **次表關鍵欄位：**
  Emp_no
- **主表欄位:**
  選取全部欄位
- **次表欄位:**
  不用選

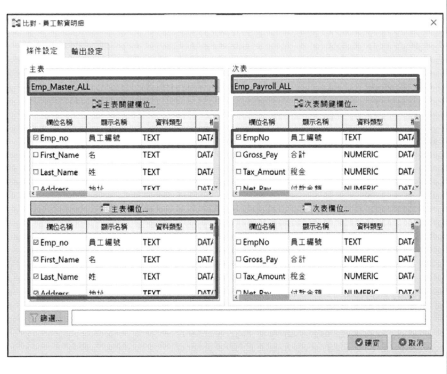

練習解答

7.12、比對員工資料表與員工薪資表,列出主表所有欄位

- 設定所需資料表名稱(未付薪員工)
- 選取比對類型:Unmatch Primary

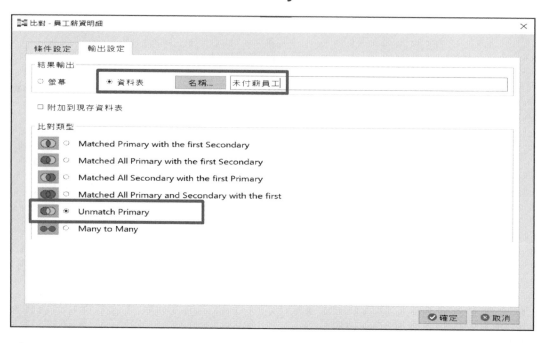

練習解答

7.12、比對員工資料表與員工薪資表,列出主表所有欄位

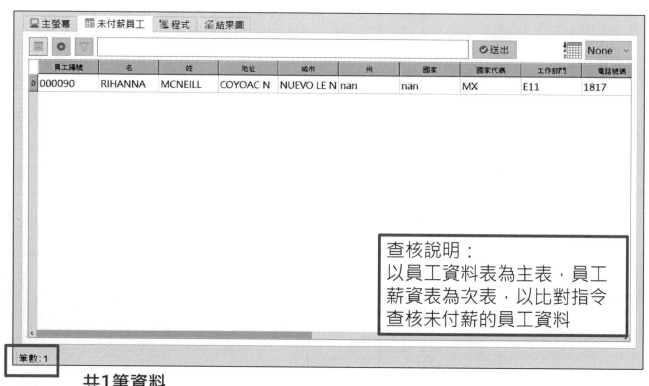

員工編號	名	姓	地址	城市	州	國家	國家代碼	工作部門	電話號碼
0 000090	RIHANNA	MCNEILL	COYOAC N	NUEVO LE N	nan	nan	MX	E11	1817

查核說明:
以員工資料表為主表,員工薪資表為次表,以比對指令查核未付薪的員工資料

筆數:1

共1筆資料

隨堂練習

練習7.13、**查核**員工薪資表(Emp_Payroll_ALL)
與員工資料表(Emp_Master_ALL) 找出是否有發薪
給非員工主檔的員工(**幽靈員工**)。

練習7.14、請比對客戶應收帳款餘額(AR_Lines_ALL)是否有
超過客戶主檔(AR_Customer_ALL) 內核定信用額度
之異常情況? 請列出有超過信用額度之客戶清單,
並計算超過信用額度的金額。

*進階練習:
1.練習將以上信用額度異常查核,畫成查核流程圖。
2.將操作軌跡錄製成為稽核程式,後續可重複執行。

AI Audit Expert

練習解答7.13

Copyright © 2023 JACKSOFT.

練習解答

7.13、查核是否有發薪給非員工主檔員工

- 開啟查核資料表(Emp_Payroll_ALL)
- 選取分析→比對

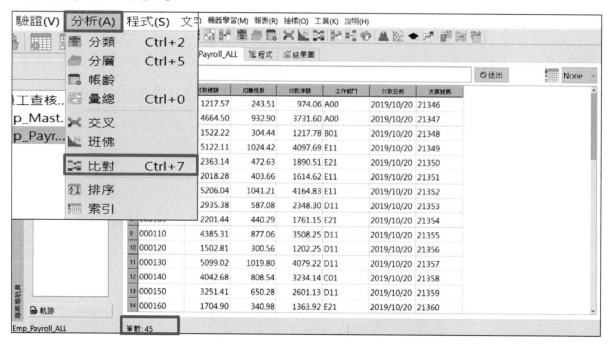

練習解答

7.13、查核是否有發薪給非員工主檔員工

- **選取主表：**
  Emp_Payroll_ALL
- **選取次表：**
  Emp_Master_ALL
- **主表關鍵欄位：**
  EmpNo
- **次表關鍵欄位：**
  Emp_no
- **主表欄位:**
  選取全部欄位
- **次表欄位:**
  不用選

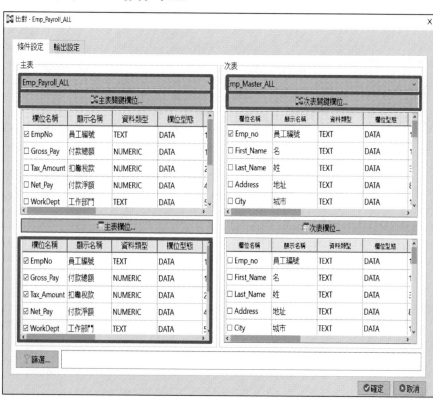

練習解答
7.13、查核是否有發薪給非員工主檔員工

- 設定所需資料表名稱(幽靈員工)
- 選取比對類型：Unmatch Primary

569

練習解答
7.13、查核是否有發薪給非員工主檔員工

共3筆資料

570

jacksoft | AI Audit Expert

練習解答7.14

571

練習解答

7.14、比對客戶應收帳款餘額是否超過客戶主檔核定信用額度，
　　　計算超過信用額度金額。

- 開啟查核資料表(AR_LINES_ALL)
- 選取分析→分類

驗證(V)	分析(A)	程式(S)	文字勘(T) 機器學習(M) 報表(R) 抽樣(O) 工具(K) 說明(H)

分類	Ctrl+2
分層	Ctrl+5
帳齡	
彙總	Ctrl+0
交叉	
班佛	
比對	Ctrl+7
排序	
索引	

	立帳日	計期日	參考代號	類型	金額
	2019/08/20	2019/09/19	205605	CN	-474.70
	2019/10/15	2019/11/14	206300	IN	225.87
	2019/02/04	2019/03/06	207137	IN	180.92
	2019/02/17	2019/03/19	211206	IN	1,610.87
	2019/04/30	2019/05/30	211206	TR	-1,298.43
	2019/05/21	2019/06/20	212334	CN	-12.23
	2019/05/21	2019/06/20	212297	IN	737.36
	2019/06/10	2019/07/10	212592	CN	-37.15
8 501657	2019/06/30	2019/07/30	212824	IN	1,524.32
9 222006	2019/07/17	2019/08/16	43614X	PM	539.97
10 230575	2019/07/28	2019/08/27	213052	IN	8.85
11 516372	2019/08/10	2019/09/09	213133	CN	-212.56
12 516372	2019/08/10	2019/09/09	213134	CN	-76.01
13 516372	2019/08/10	2019/09/09	213135	CN	-121.11
14 516372	2019/08/10	2019/09/09	213136	CN	-80.74

AR_LINES_ALL　　筆數:785

572

練習解答

7.14、比對客戶應收帳款餘額是否超過客戶主檔核定信用額度，計算超過信用額度金額。

- 選取分類欄位：
  CUST_No
- 選取小計欄位：
  Amount

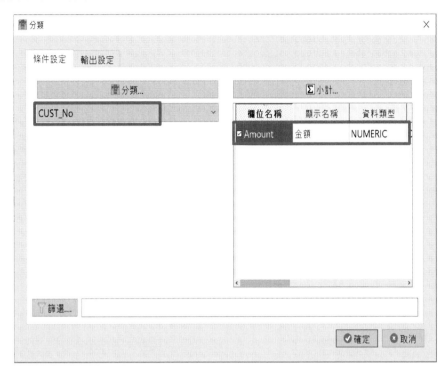

573

練習解答

7.14、比對客戶應收帳款餘額是否超過客戶主檔核定信用額度，計算超過信用額度金額。

- 設定所需資料表名稱(依客戶彙總金額)

可依需求對輸出包含統計資訊進行相關設定

574

練習解答

7.14、比對客戶應收帳款餘額是否超過客戶主檔核定信用額度，計算超過信用額度金額。

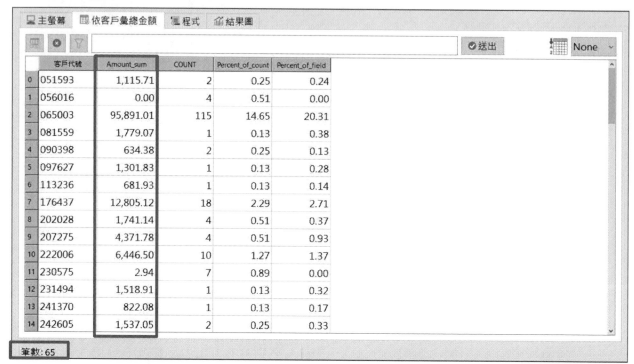

共65筆資料

575

練習解答

7.14、比對客戶應收帳款餘額是否超過客戶主檔核定信用額度，計算超過信用額度金額。

- 開啟查核資料表(依客戶彙總金額)
- 選取分析→分類

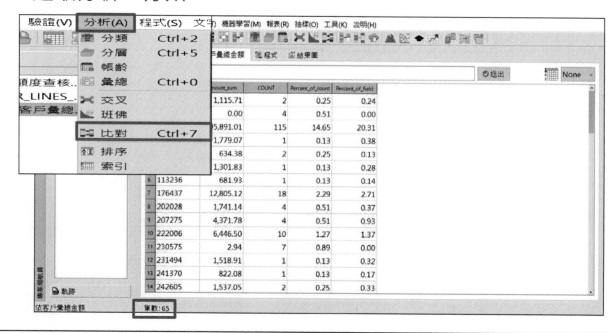

576

練習解答

7.14、比對客戶應收帳款餘額是否超過客戶主檔核定信用額度, 計算超過信用額度金額。

- **選取主表**:
  依客戶彙總金額
- **選取次表**:
  AR_Customer_ALL
- **主表關鍵欄位**:
  Cust_No
- **次表關鍵欄位**:
  Customer_ID
- **主表欄位: 全部**:
- **次表欄位**:
  1.姓名
  2.信用額度

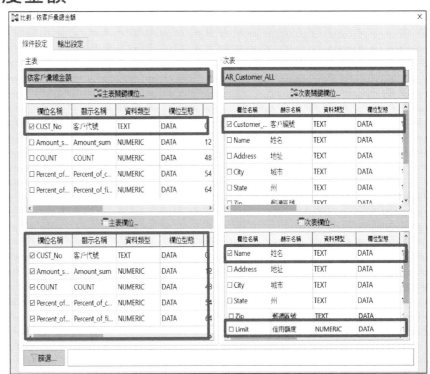

577

練習解答

7.14、比對客戶應收帳款餘額是否超過客戶主檔核定信用額度, 計算超過信用額度金額。

- 設定所需資料表名稱
- 選取比對類型Matched All Primary with the first Secondary

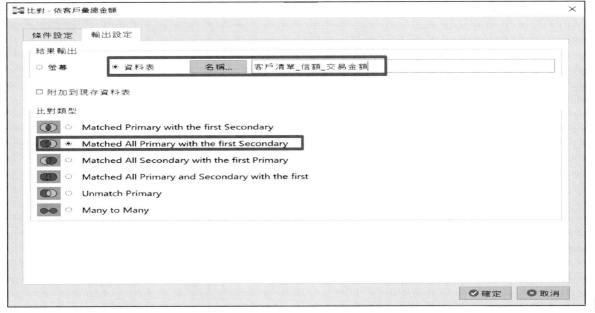

578

練習解答

7.14、比對客戶應收帳款餘額是否超過客戶主檔核定信用額度，計算超過信用額度金額。

	客戶代號	Amount_sum	COUNT	Percent_of_count	Percent_of_field	Customer_ID	姓名	信用額度
0	051593	1,115.71	2	0.25	0.24	051593	KANYE ...	14,000
1	056016	0.00	4	0.51	0.00	056016	SAMI ...	55,000
2	065003	95,891.01	115	14.65	20.31	065003	LACIE ...	59,000
3	081559	1,779.07	1	0.13	0.38	081559	GREGORY ...	76,000
4	090398	634.38	2	0.25	0.13	090398	ERIK LTD	63,000
5	097627	1,301.83	1	0.13	0.28	097627	ALISHIA CO.	53,000
6	113236	681.93	1	0.13	0.14	113236	JAY ...	23,000
7	176437	12,805.12	18	2.29	2.71	176437	NANCY ...	66,000
8	202028	1,741.14	4	0.51	0.37	202028	MADDIE ...	59,000
9	207275	4,371.78	4	0.51	0.93	207275	SYLVIE ...	81,000
10	222006	6,446.50	10	1.27	1.37	222006	MIKAEL ...	43,000
11	230575	2.94	7	0.89	0.00	230575	KRISTIAN ...	1,000
12	231494	1,518.91	1	0.13	0.32	231494	AARIZ ...	94,000
13	241370	822.08	1	0.13	0.17	241370	ADELAIDE ...	32,000
14	242605	1,537.05	2	0.25	0.33	nan	nan	nan

筆數: 65

共65筆資料

579

練習解答

7.14、比對客戶應收帳款餘額是否超過客戶主檔核定信用額度，計算超過信用額度金額。

- 進行篩選條件設定
- 設定篩選條件：
- Amount_sum>Limit

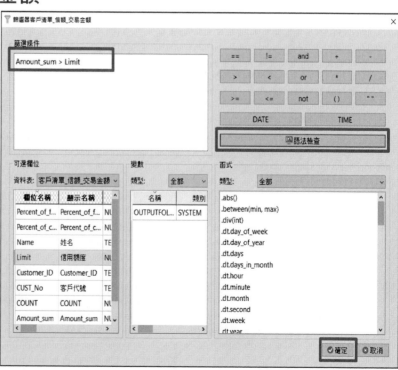

580

練習解答

7.14、比對客戶應收帳款餘額是否超過客戶主檔核定信用額度，計算超過信用額度金額。

練習解答

7.14、比對客戶應收帳款餘額是否超過客戶主檔核定信用額度，計算超過信用額度金額。

- 萃取所需欄位

練習解答

7.14、比對客戶應收帳款餘額是否超過客戶主檔核定信用額度, 計算超過信用額度金額。

- 設定所需資料表名稱(客戶交易金額超出信用額度)

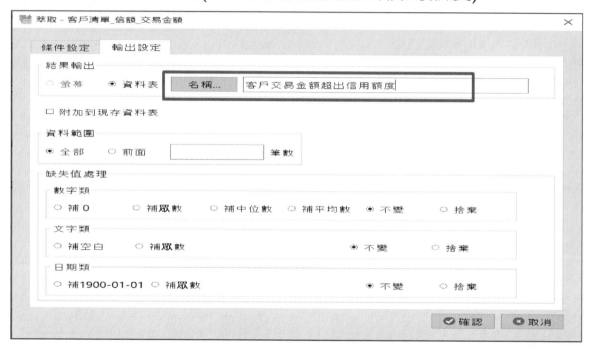

583

練習解答

7.14、比對客戶應收帳款餘額是否超過客戶主檔核定信用額度, 計算超過信用額度金額。

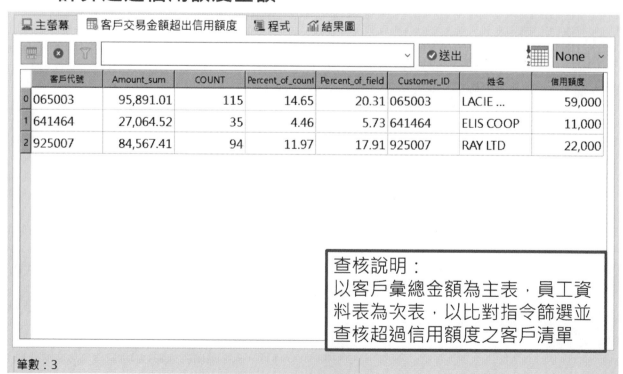

客戶代號	Amount_sum	COUNT	Percent_of_count	Percent_of_field	Customer_ID	姓名	信用額度
0	065003	95,891.01	115	14.65	20.31	065003	LACIE ...	59,000
1	641464	27,064.52	35	4.46	5.73	641464	ELIS COOP	11,000
2	925007	84,567.41	94	11.97	17.91	925007	RAY LTD	22,000

查核說明:
以客戶彙總金額為主表,員工資料表為次表,以比對指令篩選並查核超過信用額度之客戶清單

筆數:3

584

隨堂練習

練習7.15、請利用班佛指令，針對銷售明細資料表
(AR_LINE_ALL) 上的金額欄位進行1位數的數據分析，
數字開始位置為第二位數，以卡方檢定方式來確認資料
是否符合班佛的趨勢，以利後續查核。

練習7.16、請利用交叉指令，針對員工薪資主表
(Emp_Master_ALL)的資料進行交叉比對，以不同部門
(Work_Dept_ID)為列，以國家(Code)為欄，進行薪資
薪資金額(Salary)分析，並查看結果圖。

練習解答
7.15、使用班佛針對銷售明細資料表檢核是否符合趨勢。

- 開啟查核資料表(AR_LINES_ALL)
- 選取分析→班佛

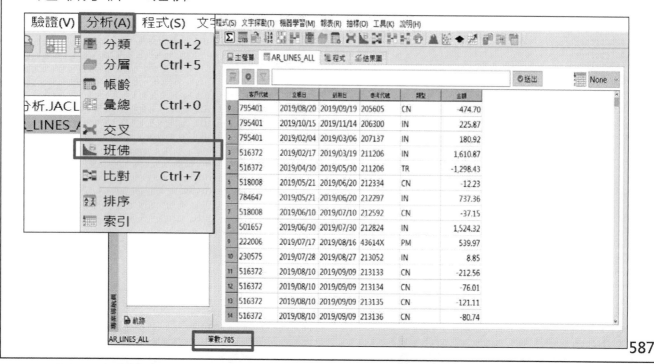

587

練習解答
7.15、使用班佛針對銷售明細資料表檢核是否符合趨勢。

- 選取Amount欄位
- 分析條件設定：
  1.數字位數→1
  2.開始位數→2
- 設定信賴區間為 95%
- 勾選卡方檢定

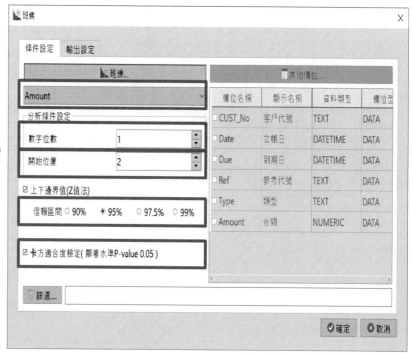

588

練習解答
7.15、輸出設定處先選擇輸出到螢幕，到主螢幕觀看班佛分析結果。

JCAATs >>AR_LINES_ALL.BENFORD(PKEY="Amount", LEADING = [1], POSITION = [2], BOUNDS = ["95%"], CHISQUARE = [True], TO="")

Table : AR_LINES_ALL

Note: 2023/03/29 21:11:45 Unmatch expected distribution Chi Square Total:145.823, Critical value for P0.05:15.507, Degrees of Freedom:8)

Result - 筆數 : 9

Leading Digits	Actual Count	Expected Count	Lower Bound	Upper Bound	Zstate Ratio	Chi-S
1	120	209	188	228	7.297	37.9
2	74	122	105	138	4.74	18.885
3	90	87	72	100	0.335	0.103
4	96	67	54	79	3.639	12.552
5	56	55	43	66	0.088	0.018
6	64	46	35	57	2.6	7.043
7	73	40	30	50	5.251	27.225
8	61	35	25	44	4.319	19.314
9	59	32	22	40	4.87	22.781

> 從Note說明中可以明確了解測試結果不符合班佛趨勢

589

練習解答
7.15、回到輸出設定處，將查核結果存檔成資料表

- 設定所需資料表名稱(班佛分析AR)

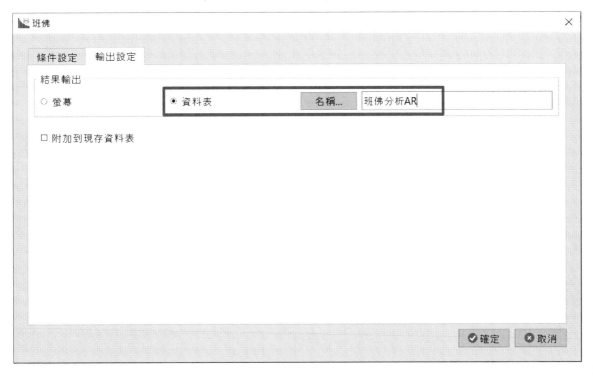

590

練習解答

7.15、使用班佛針對銷售明細資料表檢核是否符合趨勢，測試結果不符合班佛，將分析計算結果明列為以下資料表，讓分析人員可以進一步分析問題。

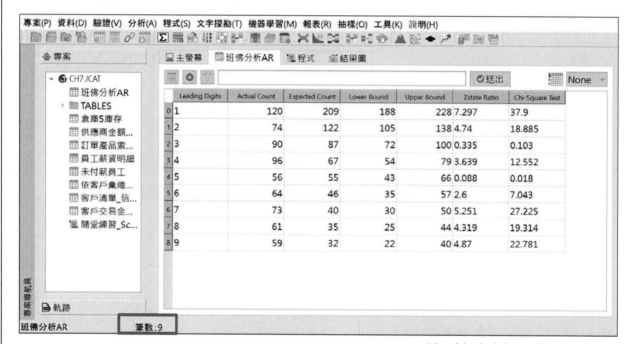

專案(P) 資料(D) 驗證(V) 分析(A) 程式(S) 文字探勘(T) 機器學習(M) 報表(R) 抽樣(O) 工具(K) 說明(H)

Leading Digits	Actual Count	Expected Count	Lower Bound	Upper Bound	Zstate Ratio	Chi-Square Test
1	120	209	188	228	7.297	37.9
2	74	122	105	138	4.74	18.885
3	90	87	72	100	0.335	0.103
4	96	67	54	79	3.639	12.552
5	56	55	43	66	0.088	0.018
6	64	46	35	57	2.6	7.043
7	73	40	30	50	5.251	27.225
8	61	35	25	44	4.319	19.314
9	59	32	22	40	4.87	22.781

班佛分析AR　　筆數:9

共9筆資料

練習解答

7.15、使用班佛針對銷售明細資料表檢核是否符合趨勢，透過結果圖檢視。

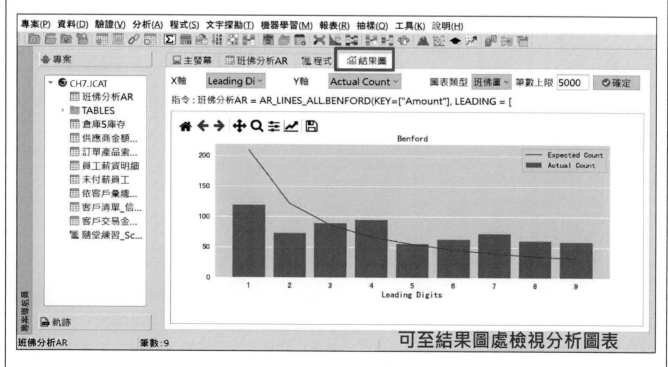

指令:班佛分析AR = AR_LINES_ALL.BENFORD(KEY=["Amount"], LEADING = [

可至結果圖處檢視分析圖表

jacksoft | AI Audit Expert

練習解答7.16

Copyright © 2023 JACKSOFT.

　　　　　　　　　　　　　Copyright © 2023 JACKSOFT.

練習解答

7.16、交叉比對部門和國家代碼的最高薪資金額，並查看結果圖

- 開啟查核資料表(Emp_Master_ALL)
- 選取分析→交叉

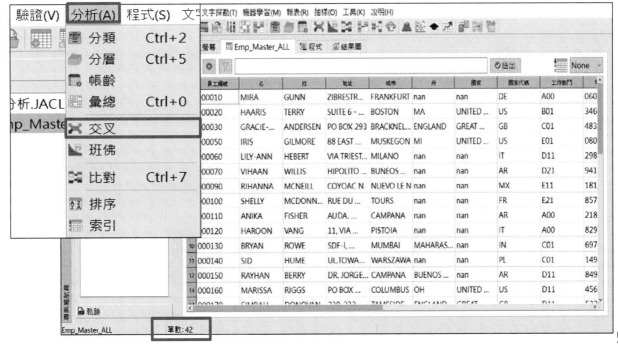

練習解答

7.16、交叉比對部門和國家代碼的最高薪資金額，並查看結果圖

- 選取行列欄位：
  列→Work_Dept_ID
  行→Code
- 選取小計欄位
  Salary

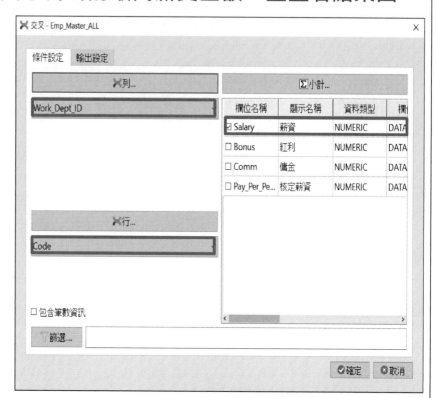

練習解答

7.16、交叉比對部門和國家代碼的最高薪資金額，並查看結果圖

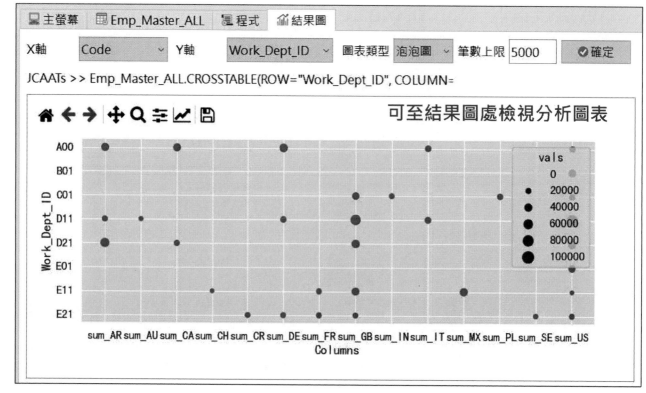

模擬考題-應用題7.17

一、請於新增一專案檔，專案名稱為Loan_Audit。

二、請依下列提供之檔案格式(Schema)，匯入放款明細檔資料。

序號	長度	欄位名稱	型態	序號	長度	欄位名稱	型態
1	4	分行代號	C	4	10	貸款金額	N
2	7	貸款編號	C	5	8	貸款日期	D
3	10	顧客ID	C	6	5	放款行員代號	C

模擬考題-應用題7.17

三、請依下列提供之檔案格式(Schema)，匯入顧客主檔資料。

序號	長度	欄位名稱	型態	序號	長度	欄位名稱	型態
1	10	顧客ID	C	5	1	拒絕往來戶	C
2	3	顧客姓名	C	6	1	疑似詐騙戶	C
3	8	出生年月日	D	7	10	平均月所得	N
4	10	電話	C	8	10	信用額度	N

模擬考題-應用題7.17

四.驗證資料

1. 檢核放款明細檔是否有誤

□無，資料沒有錯誤。

□有，第＿＿＿＿筆，＿＿＿＿欄位錯誤，錯誤原因是：＿＿＿＿。

2. 檢核顧客主檔是否有誤

□無，資料沒有錯誤。

□有，第　筆，＿＿＿＿欄位錯誤，錯誤原因是：＿＿＿＿。

模擬考題-應用題7.17

五.驗證資料(以下試題無需考慮第四大項驗證錯誤)

3. 放款明細檔中，屬於**本年度(2016)**第一季放款的筆數為＿＿＿＿筆

4. 放款明細檔中，屬於**本年度(2016)**第二季放款的筆數為＿＿＿＿筆

5. 放款明細檔中，屬於**本年度(2016)**第三季放款的加總金額為＿＿＿＿元

6. 放款明細檔中，屬於**本年度(2016)**第四季放款的加總金額為＿＿＿＿元

7. 放款明細檔中，屬於**本年度(2016)**上半年的平均放款金額為＿＿＿＿元

8. 放款明細檔中，屬於**本年度(2016)**下半年的平均放款金額為＿＿＿＿元

模擬考題-應用題7.17

9. 請檢核貸款編號是否有缺漏之情形。
□無，資料沒有缺漏。
□有，請列出缺漏資料。

10. 請檢核貸款編號是否有重複之情形。
□無，資料沒有重複。
□有，重複的資料有：＿＿＿＿＿＿＿。

11. 請檢核貸款編號是否有順序錯誤之情形。
□無，資料沒有錯誤。
□有，重複的資料有：＿＿＿＿＿＿。

12. 請檢核顧客主檔是否有重複或疑似重複之情形。
□無，資料沒有重複。
□有，重複的資料有：＿＿＿＿＿＿。

601

模擬考題-應用題7.17

六.分析資料

1. 請依**本年度(2016)**貸款金額分6層，
金額最大層的合計貸款主要集中在哪間分行:＿＿＿＿。

2. 請依**本年度(2016)**貸款金額分層0、650,000、800,000、
900,000、1,500,000，
合計金額最低的該層貸款主要集中在哪間分行 ＿＿＿＿＿＿＿。

3. 貸款至今(20161130)，已超逾半年(183天)的
合計金額為 ＿＿＿＿＿＿＿＿。

4. 放款合計金額最高的員工為＿＿＿＿＿＿。

602

模擬考題-應用題7.17

5. 單日放款合計金額最高的員工為＿＿＿＿＿＿＿＿＿。

6. 是否有放款給非本行顧客之情形
□無，沒有此情形。
□有，請列出貸款編號與貸款金額。

7. 是否有放款給拒絕往來戶或疑似詐騙戶之情形。
□無，沒有此情形。
□有，貸款編號、貸款金額、客戶姓名分別是：
＿＿＿＿＿＿＿＿＿＿＿＿＿＿＿＿＿＿＿＿＿。

8. 是否有放款給年所得(年終以2個月計算)低於300,000之情形。
□無，沒有此情形。
□有，顧客ID、放款行員代號分別是：
＿＿＿＿＿＿＿＿＿＿＿＿＿＿＿＿。

模擬考題-應用題7.17

9. 是否有放款超逾客戶信用額度資情形。
□無，沒有此情形。
□有，顧客ID、放款行員代號分別是：
＿＿＿＿＿＿＿＿＿＿＿＿＿＿＿＿＿＿＿。

模擬考題-應用題7.18

- 請於資料檔中建立名為「AR_Audit」的專案檔
  ，並且依下列資料格式匯入相關資料表:

一、 應收帳款明細檔(AR.txt):

欄位名稱	資料類型	小數位數	長度	說明
No	CHAR		6	客戶代號
Date	DATE		10	發票日期
Due	DATE		10	到期日
Ref	CHAR		6	參考編號
Type	CHAR		2	交易類型
Amount	NUMERIC	2	22	交易金額

605

模擬考題-應用題7.18

二、 客戶資料表(Customer.xlsx):

欄位名稱	資料類型	小數位數	長度	說明
No	CHAR		6	客戶代號
Name	CHAR		25	姓名
Address	CHAR		25	地址
City	CHAR		15	城市
State	CHAR		2	州
Zip	CHAR		5	郵遞區號
Limit	NUMERIC	0	5	信用額度
Sales_Rep_No	CHAR		5	業務代表代號

606

模擬考題-應用題7.18

三、　存貨資料表(Inventory.del):

欄位名稱	資料類型	小數位數	長度	說明
ProdNo	CHAR		10	產品代號
ProdCls	CHAR		2	產品類型
ProdDesc	CHAR		25	產品說明
ProdStat	CHAR		1	產品狀態
Location	CHAR		2	地點
SalePr	NUMERIC	2	10	售價
MinQty	NUMERIC	0	5	最小庫存量
QtyOH	NUMERIC	0	5	在庫數量
UnCst	NUMERIC	2	5	單位成本
Value	NUMERIC	2	5	庫存成本
MktVal	NUMERIC	2	10	市值
CstDte	DATE		10	成本日期
PrcDte	DATE		10	售價日期

607

模擬考題-應用題7.18

1.為進行獎金發放的核算作業，請你使用應收帳款明細檔(Ar)做計算。目前已知獎金的發放是以銷售金額的8%來計算，且我們已知銷貨時，系統上會同時以銷貨收入及應收帳款的交易分錄入帳，請問獎金超過250元的銷貨交易共有幾筆，且累計的獎金是多少?

_____

_____

2.承上題請問一年四季所發出的獎金筆數及累計金額各是多少?

_____

_____

608

模擬考題-應用題7.18

3.大仁打算進行存貨成本與售價的分析,請你使用存貨資料表(Inventory)做計算,試問本期應提列的存貨跌價損失為多少?

_____

_____

4. 承上題請依下方存貨分類政策,計算右方表格各類存貨資訊?

毛利率	類別
20%以下	低毛利
20%-50%	中毛利
50%以上	高毛利

類別	在庫數量	庫存成本	市值
低毛利			
中毛利			
高毛利			

_____

_____

模擬考題-應用題7.18

5.大仁需要進行銷售及收款循環查核,請使用應收帳款明細檔(Ar)與客戶資料表(Customer)進行查核,試問是否有幽靈客戶的情形?

– 請列出客戶編號:

_____

_____

6.承上題請問是否有本期未進行交易的客戶?

– 請列出客戶姓名:

_____

_____

模擬考題-應用題7.19

■ 陳稽核想要進行公司的供應商是否為行政院公共工程委員會所提供的拒絕往來廠商的查核，拒絕往來廠商的資料檔是在政府開放資料平台網站http://data.gov.tw/的行政院公共工程委員會所提供，拒絕往來廠商的資料為queryRVFile.xml。而公司的供應商資料為 VENDOR.TXT格式為:

– 請依序完成下列工作與回答問題:

欄位名稱	資料類型	大小	說明
Corporation_Number	CHAR	8	廠商統一編號
Corporation_Name	CHAR	21	廠商名稱
Corporation_Address	CHAR	28	廠商地址
Created_Date	DATE	8	建檔日

611

模擬考題-應用題7.19

1.匯入VENDOR.TXT資料檔至CAATs，請問此資料檔共計有多少筆資料?

_____

_____

2. 請驗證所匯入的VENDOR資料檔是否存有有關的資料格式不一致或是資料損壞的資料，列出有問題的資料?

_____

_____

612

模擬考題-應用題7.19

3. 匯入行政院公共工程委員會所提供的拒絕往來廠商的資料檔至 CAATs , 請問此資料檔共計有多少筆資料?

_____

_____

4. 請找出在拒絕往來廠商資料檔被列為拒絕最多次的廠商名稱與 其被列為拒絕的次數?

_____

_____

模擬考題-應用題7.19

5.經濟部規定廠商統一編號為8碼 , 請找出在供應商資料檔內統 一編號非為8碼的供應商筆數?

_____

_____

6. 請以各種方式檢查是否有重複的供應商並列出清單與註明重複 的原因?

_____

_____

模擬考題-應用題7.19

7.請以2017/03/31 為結止時間,列出供應商建檔資料在過去30,60,90,180 的建檔資料次數?

_____

_____

8.請比對公司供應商是否為行政院公共工程委員會所提供的拒絕往來廠商,並計算出筆數?

_____

_____

JCAATs 學習筆記:

_____

_____

_____

_____

_____

_____

_____

第八章

程式

(Script)

Python Based 人工智慧稽核軟體

AI Audit Software
人工智慧新稽核

JCAATs AI 稽核軟體
第八章 程式(Script)

617

本單元大綱:

- 新增程式
- 編輯程式
- 程式編輯注意事項
- 複製另一專案程式

618

新增程式的方法:

- JCAATs的稽核程式為Python語法的程式，檔名為XXXX.py。

- 目錄上程式>>新增程式即可以新增程式進行編輯。

- 軌跡(Log)另存程式即可以將所選的指令軌跡轉為程式。

- 開啟其他Python程式。可以將其他專案的JCAATs匯入到此專案，另存程式即成為本專案的程式。

新增程式

- 程式>>新增程式。輸入程式名稱即會產生程式名稱於樹狀圖上，並可以開始編輯程式。

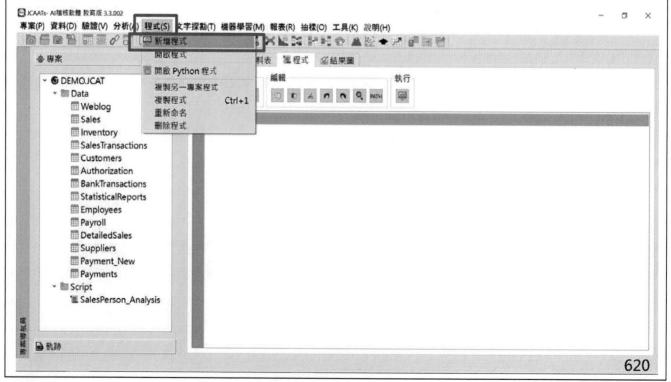

Log另存程式

- 於軌跡頁籤下勾選所要的程式指令，並按右鍵會顯示功能列，選擇另存新檔，輸入檔名後即可以編輯。

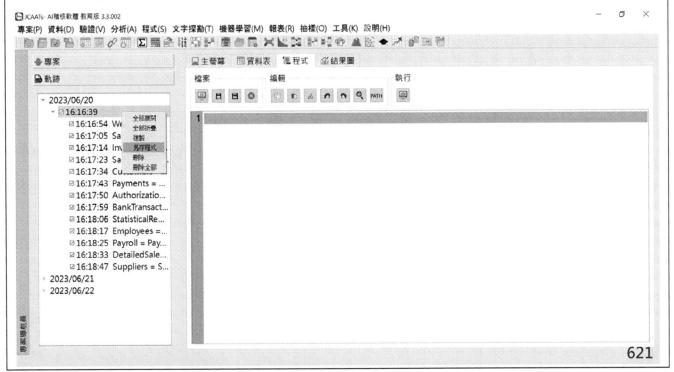

621

開啟其他Python程式

- 選擇開啟其他Python程式，然後另存新檔即可以將程式存入此專案。

622

編輯程式

- 至專案導航員下點擊要開啟的程式，此程式即會在主畫面的程式區開啟，使用者可以進行編輯或執行。編輯區包含有複製、貼上、剪下、復原、取消復原、尋找和路徑等功能。

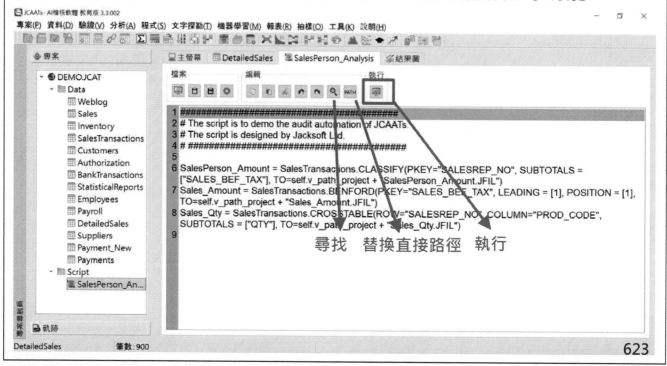

尋找　替換直接路徑　執行

623

尋找程式內容

- 點擊檢查程式語法功能鍵，即會進行語法檢查，有錯誤即會顯示錯誤訊息。
- 程式修改可以透過搜尋功能，尋找錯誤處，統一進行取代。

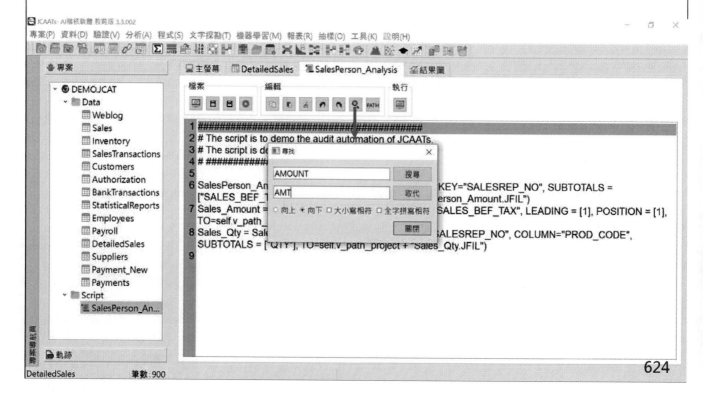

624

替換資料檔路徑

- JCAATs指令執行產出的Log script為絕對路徑，若要將此 Script 分享給其他電腦，則需要改為相對路徑。

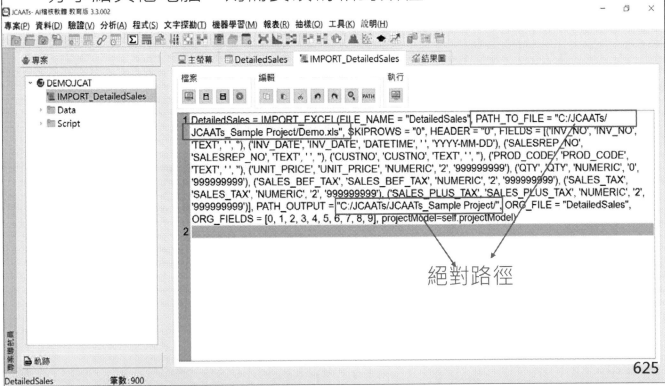

絕對路徑

PATH 指令 – 說明

- 點選PATH指令執行，即會將程式的絕對路徑改為相對路徑。

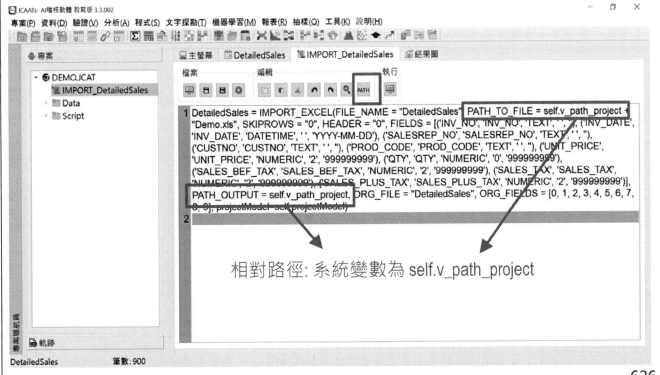

相對路徑: 系統變數為 self.v_path_project

程式編輯功能

- 可以於程式處按滑鼠右鍵，顯示編輯功能目錄。
- 選擇直接設定資料夾與變數，即會自動顯示程式於編輯器中

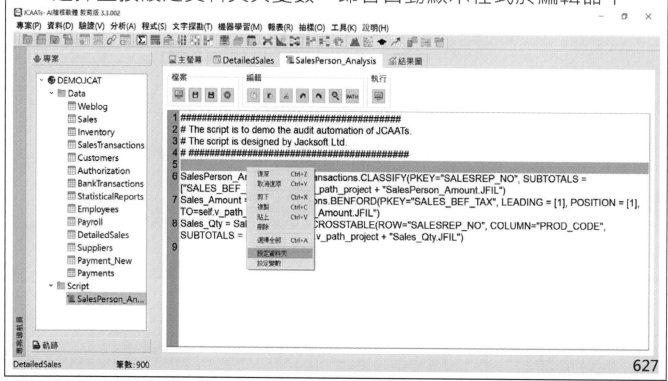

主程式編輯注意事項

- JCAATs 提供下面指令，管理專案存放的資料夾

self.JCAATS.SET_FOLDER("name")

範例: self.JCAATS.SET_FOLDER("DATA")

接下來執行的程式(Script)產生的資料表都會在DATA底下

- JCAATs Log 是紀錄所使用為固定路徑檔案，若要讓元件可以在其他電腦上順利執行，則需要將路徑改為變動方式，使用[系統變數-專案路徑]變數，否則另一電腦的路徑通常會和開發機上的路徑不同而產生路徑不存在的錯誤。

JCAATs系統變數-專案路徑：

self.v_path_project

主程式編輯注意事項

- JCAATs 提供下面指令讓你可以執行程式(Script)，並可以將多支程式(Scripts)放在一起執行

self.JCAATS.DO_SCRIPT("XXX")

範例: self.JCAATS.DO_SCRIPT("A_1")

- 每一支程式(Script)所用到的資料需要為已存在於專案內的資料表(Table)。若程式內產生的資料表，則需要在下一支程式才可以使用。

- JCAATs 的備註指令和Python相同，開頭使用# 即為備註行。

629

複製另一專案程式

- JCAATs可以將另一專案程式複製過來使用。

630

程式複製完成 – 主程式範例說明

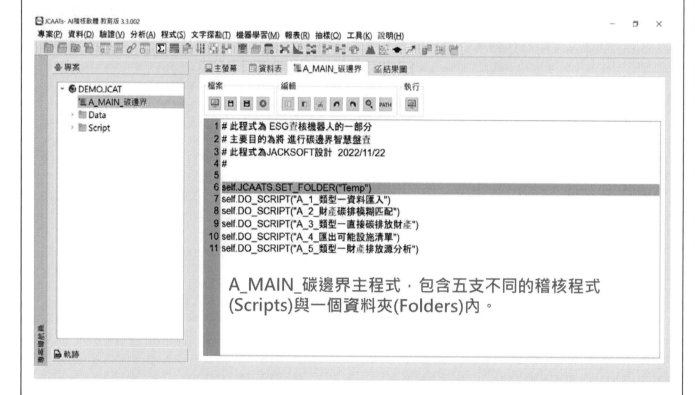

A_MAIN_碳邊界主程式，包含五支不同的稽核程式 (Scripts)與一個資料夾(Folders)內。

631

練習練習與解答

8.1、請設計一個自動化程式，可定期下載政府採購網拒絕往來名單，並與公司供應商主檔及採購交易檔，將比對後有相符結果，列出來以利採購相關單位主管進行檢核。

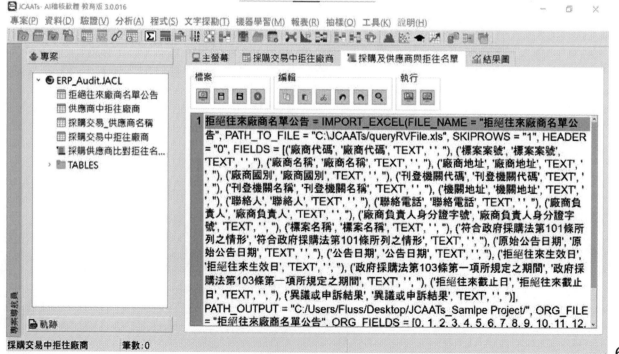

632

第九章

文字探勘

(Text Mining)

Python Based 人工智慧稽核軟體

**AI Audit Software
人工智慧新稽核**

JCAATs AI 稽核軟體
第九章 文字探勘(Text Mining)

633

自然語言處理

| 第一步 對句子斷詞 | 第二步 分析字的詞性 | 第三步 了解字的意義 | 第四步 了解字的關聯 |

❑ 範例:

This	is	the	best	thing	happened	in	my	life.
冠詞	動詞	冠詞	形容詞	名詞	動詞	介詞	所有詞	名詞

文句變動大且各國語言不同   太難了!

JCAATs 透過AI技術,提供您分析文字的快速簡易方法

634

JCAATs 文字探勘指令:

- **模糊重複**:比對兩個字句的接近程度。

- **關鍵字**:找出文字欄位中常出現的詞或是權重字,成為查核的關鍵字,來進行更進階文字查核或比對。

- **文字雲**:功能類似關鍵字,以文字雲顯示文字的重要程度,提供文字視覺化分析。

- **情緒分析**:透過正向或負向詞的分析,累計計算判斷出文檔的情緒。

- 範例:文字探勘在稽核應用如合約查核、工安申報查核、裁罰風險警示、黑名單比對、客戶留言風險分析、信用評核等

模糊度計算方式介紹:

■ 編輯距離 (Levenshtein Distance)

- 編輯距離也可以解釋為編輯次數,透過限制編輯次數來達到模糊比對,當兩個值之間的編輯距離越大,差異就越大。

範例1:

編輯距離	"Hanssen" 和"Jansn"	結果
2	編輯1:用'J'替換'H' 編輯2:刪除's' 編輯3:刪除'e'	排除

範例2:

編輯距離	"Hanssen" 和"Jansn"	結果
3	編輯1:用'J'替換'H' 編輯2:刪除's' 編輯3:刪除'e'	列入

模糊重複 - 條件設定

- 模糊重複主要依據文字編輯距離(Levenshtein Distance)機制來計算二個文字的接近程度。

欄位選擇器
文字欄位
文字編輯距離
文字差異比率
產出結果百分比
精確重複及僅有大小寫差異者

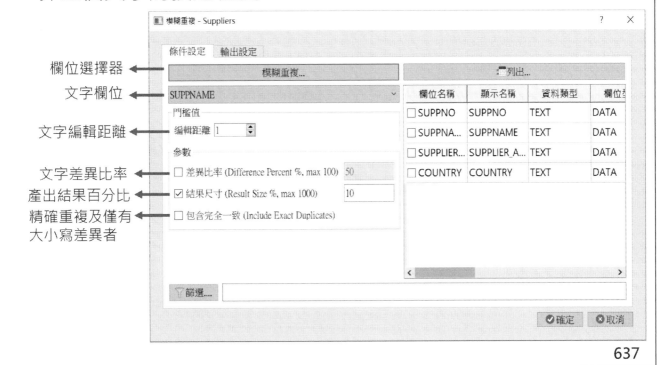

637

模糊比對 - 條件設定

- 文字探勘>>模糊比對。在條件設定頁面輸入相似程度。

相似度
編輯距離
主表 KEY(單選)
主表欄位
次表 KEY(單選)
次表欄位

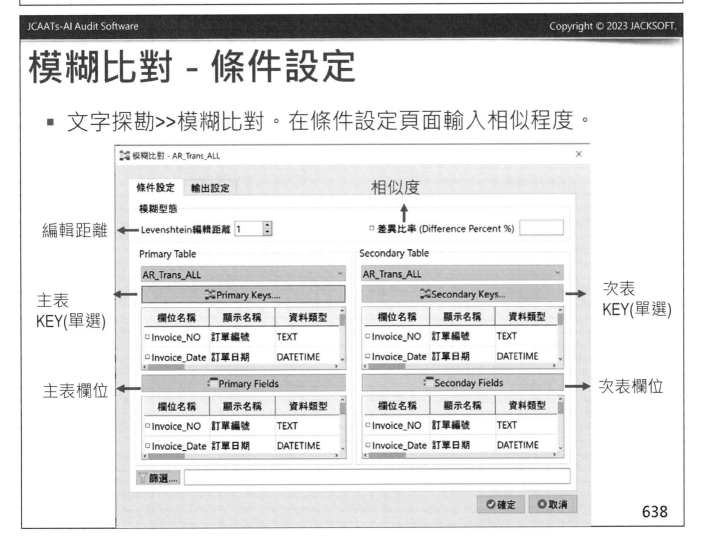

638

模糊比對 – 輸出設定

- 文字探勘>>模糊比對。在輸出設定頁面選擇比對類型。

639

模糊比對 – 比對類型介紹

- 比對類型：

  Matched Primary with the first Secondary：顯示相符的第一筆
  Unmatch Primary：顯示與條件不相符的主表資料
  Many to Many：顯示與條件相符的所有資料

640

模糊比對 (Fuzzy Join)指令 – 範例

範例：　　⦿ Levenshtein　　Distance　2

薪資檔(主檔)	
Emp_No	Emp_Street
001	台北市大同區短安西路 180 號
002	新北市新莊區頭前路 1 號 3 樓
003	新北市永和區中興街 123 號
004	台北市松山區健康路 66 號
005	台北市士林區東三路 55 號 2 樓

員工資料檔(次檔)	
No	Street
001	台北市大同區長安西路 180 號
002	新北市新莊區頭前路 1 號 3F
003	新北市永和區中興街 123 號
004	台北市松山區健康路 66 號
005	台北市士林區東山路 55 號 2 樓

結果：

Emp_No	Emp_Street	Street
001	台北市大同區短安西路 180 號 9 樓	台北市大同區長安西路 180 號 9 樓
002	新北市新莊區頭前路 1 號 3 樓	新北市新莊區頭前路 1 號 3F
003	新北市永和區中興街 123 號	新北市永和區中興街 123 號
004	台北市松山區健康路 66 號	台北市松山區健康路 66 號
005	台北市士林區東三路 55 號 2 樓	台北市士林區東山路 55 號 2 樓

此圖將精確比對顯示為紫色，而模糊比對顯示為綠色

641

關鍵字 – 條件設定

▪ 可以對指定欄位，透過文字探勘的程序，自動進行斷詞、詞頻分析，產出此欄位之重要關鍵字，以供進行進階文字分析。

欄位選擇器
文字欄位
文字出現次數
文字出現比率
反向權重值
字元值
語言

執行 TF-IDF 分析需要設定分類方式

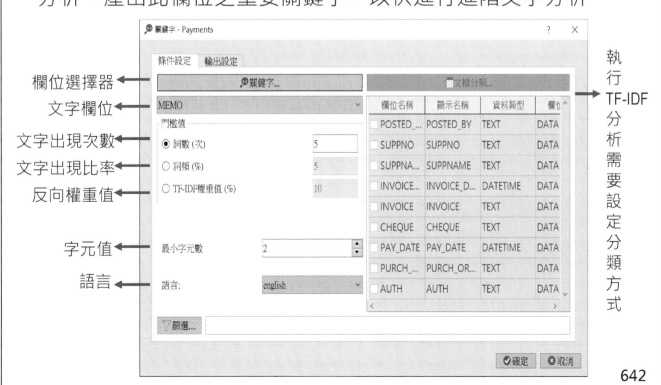

642

關鍵字 - 字典

- 文字探勘可以使用 NLTK 的標準字典或是自訂字典。
  自訂字典：使用工具>>字典管理，上傳字典檔。

結果輸出方式設定

稽核設定

停用詞設定

文字邊界

關鍵詞的詞數

643

關鍵字 - 文字分析法

1. 建立 停用詞(STOPWORD):
   1) 先不選字典和停用詞列出關鍵字，讓使用者先了解AI系統出來的結果
   2) 若是判斷出來關鍵字有許多數字與符號，可以選系統建立的停用詞數字和符號來增加關鍵字精確度
   3) 匯出關鍵字，將不適合的關鍵字列為停用詞

2. 建立 自訂字典(Dictionary):
   1) 先不選字典和選停用詞列出關鍵字(詞組 ngram_range 1:1)的詞
   2) 先不選字典和選停用詞列出關鍵字(詞組 ngram_range 1:2)的詞
   3) 判斷是否有需要合併或是修正的關鍵字，放入自訂字典檔中

644

文字雲 – 條件設定

1) 使用**詞數**或**詞頻**先選字典和選停用詞列出關鍵字與文字雲，分析最常出現的重要關鍵字出現處

2) 使用**TF-IDF(權重值)**，選擇文件分類的欄位，選字典和選停用詞列出關鍵字與文字雲，分析權重高特徵關鍵字

文字雲 – 結果圖

- 提供以特殊文字雲方式顯示關鍵字，其使用方式同關鍵字，關鍵字圖塊越大，代表其關鍵字值越大。

情緒分析

- 是否有文件應為正面表述,卻是負面情緒,例如核貸意見查核。

- 是否有文件應為負面表述,卻是正面情緒,例如不核准、未錄取、考評等查核。

- 分析調查資料的正負評分析正確性。

情緒分析 – 條件設定

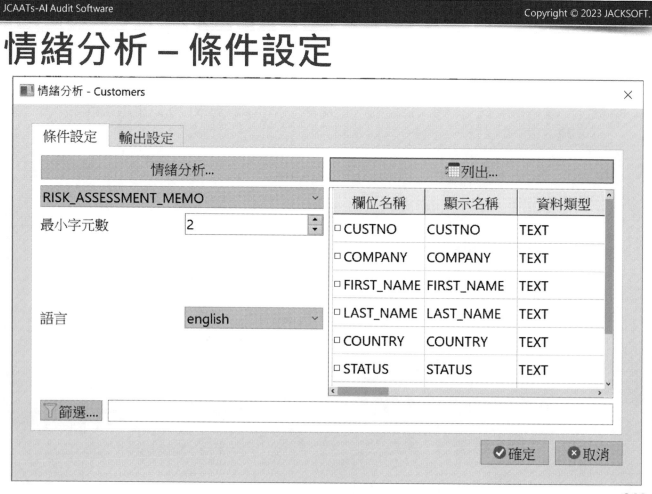

補充 – 文字探勘語言包

- JCAATs 基本使用 NLTK 語言分析。

- 對於一些亞洲文字類語言，使用下列的語言包:
  - 中文(繁體與簡體): import jieba
  - 日文(Japanese): import nagisa
  - 韓文(Korean): KoNLPy#

- 情緒字典: 大部分國家都有發展自己的情緒字典，可以到 GitHub上去下載來裝到JCAATs上使用。

注意: 標準系統僅安裝有 NLTK 和 jieba 語言包，其他語言包需要客製安裝，否則無法顯示正確字體於系統畫面上。

隨堂練習

練習9.1、請進行金管會內控裁罰案件文字探勘分析，選定一定期間案件，運用文字雲指令，檢視列出高風險應該注意之關鍵字，以利後續加強查核。

練習9.2、呈上，運用關鍵字指令 進行裁罰案件文字探勘，找出高風險關鍵字。

練習9.3、運用情緒分析指令 進行核貸案件異常查核，找出高風險應深入追查案件。

練習解答

9.1、請進行金管會內控裁罰案件文字探勘分析，選定一定期間案件，運用文字雲指令，檢視列出高風險應該注意之關鍵字，以利後續加強查核。

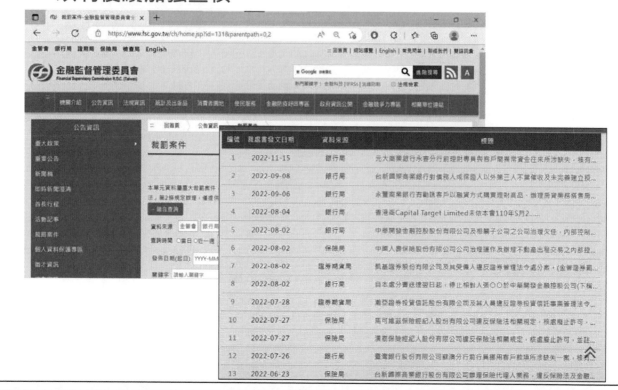

651

練習解答

9.1、請進行金管會內控裁罰案件文字探勘分析，選定一定期間案件，運用文字雲指令，檢視列出高風險應該注意之關鍵字，以利後續加強查核。

裁罰案件

凱基證券股份有限公司及其受僱人違反證券管理法令處分案。(金管證券罰字第1110348741號、金管證券字第11103487411號)

📅 2022-08-02

金融監督管理委員會　裁處書
受文者：如正副本
發文日期：中華民國111年8月2日
發文字號：金管證券罰字第1110348741號
受處分人：凱基證券股份有限公司
營利事業統一編號：略
地址：略
代表人或管理人姓名：許○○
地址：略
主旨：貴公司公司治理欠佳，內部控制未能有效運作等，違反證券商管理規則第2條第2項等規定，爰依證券交易法第178條之1第1項第4款規定核處新臺幣240萬元罰鍰暨依同法第65條予以糾正，併依證券交易法第66條第5款規定，命令貴公司審計委員會就本次檢查缺失採行必要措施，並將相關執行情形提報董事會，以及命令貴公司自本裁處書送達翌日起對董事長許○○調降月薪20%，為期3個月。
事實：本會於111年1月14日至2月11日對中華開發金融控股股份有限公司（下稱開發金控）進行一般業務檢查，發現貴公司涉有下列缺失：

652

練習解答

9.1、請進行金管會內控裁罰案件文字探勘分析,選定一定期間案件,運用文字雲指令,檢視列出高風險應該注意之關鍵字,以利後續加強查核。

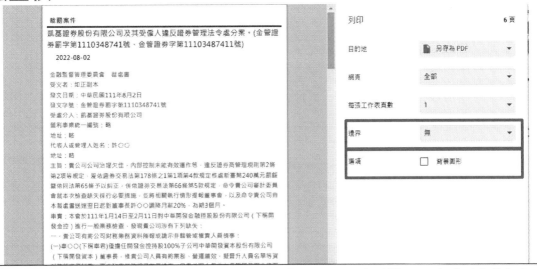

※ 設定邊界為「無」且背景圖形處不要勾選,確定後儲存

653

練習解答

9.1、請進行金管會內控裁罰案件文字探勘分析,選定一定期間案件,運用文字雲指令,檢視列出高風險應該注意之關鍵字,以利後續加強查核。

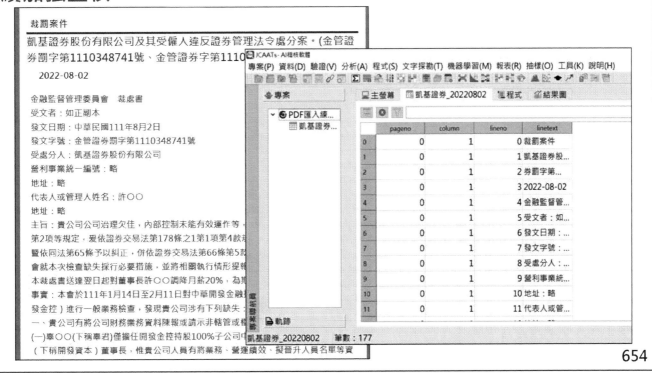

654

練習解答

9.1、請進行金管會內控裁罰案件文字探勘分析,選定一定期間案件,運用文字雲指令,檢視列出高風險應該注意之關鍵字,以利後續加強查核。

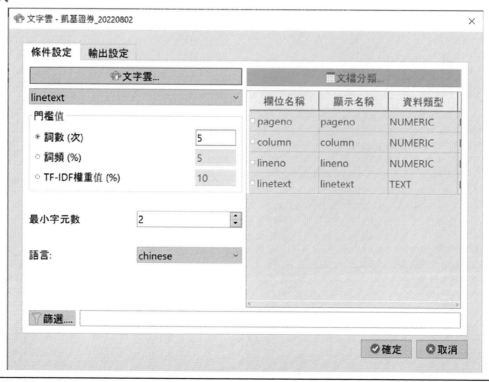

練習解答

9.1、請進行金管會內控裁罰案件文字探勘分析,選定一定期間案件,運用文字雲指令,檢視列出高風險應該注意之關鍵字,以利後續加強查核。

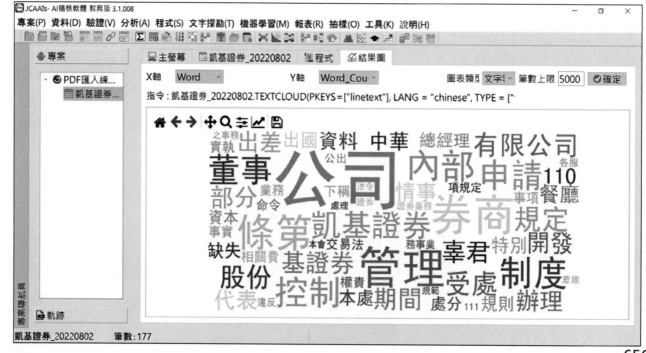

練習解答

9.2、呈上,運用關鍵字指令 進行裁罰案件文字探勘,找出高風險關鍵字。

657

練習解答

9.2、呈上,運用關鍵字指令 進行裁罰案件文字探勘,找出高風險關鍵字。

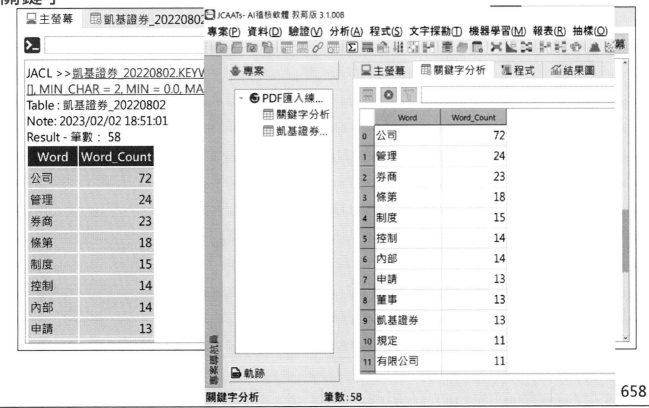

658

練習解答9.3、運用情緒分析指令 進行核貸案件異常查核,找出高風險應深入追查案件。

練習解答
9.3、運用情緒分析指令 進行核貸案件異常查核,找出高風險應深入追查案件。

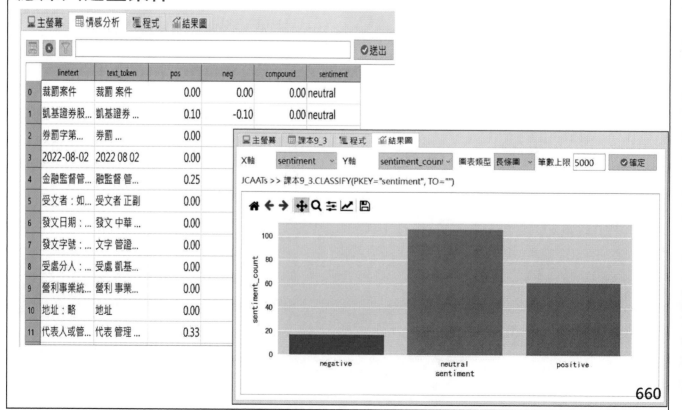

第十章

機器學習

(Machine Learning)

Python Based 人工智慧稽核軟體

AI Audit Software
人工智慧新稽核

Copyright © 2023 JACKSOFT.

JCAATs AI 稽核軟體
第十章 機器學習
(Machine Learning)

661

JCAATs 機器學習功能的特色:

1. **不須外掛程式即可直接進行機器學習**
2. **提供SMOTE功能**來處理不平衡的數據問題，這類的問題在審計的資料分析常會發生。
3. 提供使用者在選擇機器學習算法時可自行依需求採用兩種不同選項：**用戶決策模式**(自行選擇預測模型)或**系統決策模式**(將預測模式全選)，讓機器學習更有彈性。
4. JCAATs使用戶能夠自行定義其機器學習歷程。
5. 提供有商業資料機器學習較常使用的方法，如**決策樹(Decision Tree)**與**近鄰法(KNN)**等。
6. 可進行**二元分類**和**多元分類**機器學習任務。
7. 提供**混淆矩陣圖和表格**，使他們能夠獲得有價值的機器學習算法，表現洞見。
8. 在執行訓練後提供**三個性能報告**，使用戶能夠更輕鬆地分析與解釋訓練結果。
9. 機器學習的速度更快速。
10. 在集群(CLUSTER)學習後，提供一個圖形，使用戶能夠可視化數據聚類。

662

機器學習的概念

» Supervised Learning (監督式學習)

要學習的資料內容已經包含有答案欄位，讓機器從中學習，找出來造成這些答案背後的可能知識。JCAATs在監督式學習模型提供有 **多元分類**(Classification) 法，包含 Decision tree、KNN、Logistic Regression、Random Forest和SVM等方法。

» Unsupervised Learning (非監督式學習)

要學習的資料內容並無已知的答案，機器要自己去歸納整理，然後從中學習到這些資料間的相關規律。在非監督式學習模型方面，JCAATs提供集群(Cluster)與離群(Outlier) 方法。

663

機器學習的步驟

監督式機器學習:

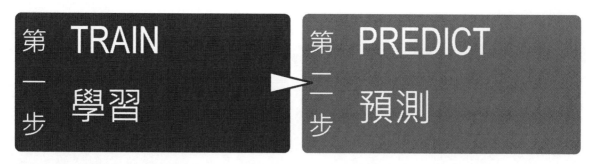

第一步 TRAIN 學習 ➤ 第二步 PREDICT 預測

非監督式機器學習:

第一步 非監督式學習指令

JCAATs 透過AI技術，提供您機器學習快速簡易方法

664

JCAATs 機器學習指令:

- **監督式機器學習:**
    - **學習(TRAIN):** 對訓練資料進行機器學習，產出知識模式與效果分析值。
    - **預測(PREDICT):** 匯入機器學習後的知識模式，對資料進行預測並顯示機率。

- **非監督式機器學習:**
    - **離群(OUTLIER):**此功能透過統計的標準差計算方式，找出與其他觀測值有顯著差異的數據點，又稱為異常值。
    - **集群(CLUSTER):**此功能透過非監督式機器學習的方式，依據樣本之間的共同屬性，將比較相似的樣本聚集在一起，形成集群(cluster)。通常以距離作為分類的依據，相對距離愈近，相似程度愈高，分群之後的結果可以具備群內差異小、群間差異大特性，因此可以將資料集較小的群試為較特殊的一群資料。

- 範例: 機器學習在稽核的應用例如風險預測、預算預測、舞弊預測、破產預測等。

665

JCAATs-AI Audit Software　　　　　　　　　　　　　　Copyright © 2023 JACKSOFT.

JCAATs 監督式機器學習指令

指令	學習類型	資料型態	功能說明	結果產出
Train 學習	監督式	文字 數值 邏輯	使用自動機器學習機制產出一預測模型。	**預測模型檔** (Window 上 *.jkm 檔) 3個在JCAATs上模型評估表和混沌矩陣圖
Predict 預測	監督式	文字 數值 邏輯	導入預測模型到一個資料表來進行預測產出目標欄位答案。	預測結果資料表 (JCAATs資料表)

666

JCAATs非監督式機器學習指令

指令	學習類型	資料型態	功能說明	結果產出
Cluster 集群	非監督式	數值	對數值欄位進行分組。分組的標準是值之間的相似或接近度。	結果資料表 (JCAATs資料表) 和資料分群圖
Outlier 離群	非監督式	數值	對數值欄位進行統計分析。以標準差值為基礎，超過幾倍數的標準差則為異常值。	結果資料表 (JCAATs資料表)

 | AI Audit Expert

1.監督式學習

JCAATs-AI 稽核機器學習的作業流程

▪ 用戶決策模式的機器學習流程

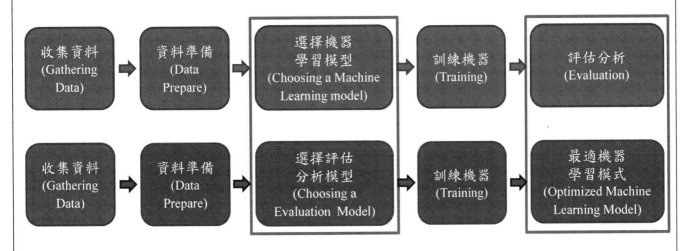

• 系統決策模式的機器學習流程

JCAATs提供二種機器學習決策模式，讓不同的人可以自行選擇使用方式。

JCAATs監督式機器學習指令:
學習(Train)和預測(Predict) 作業程序

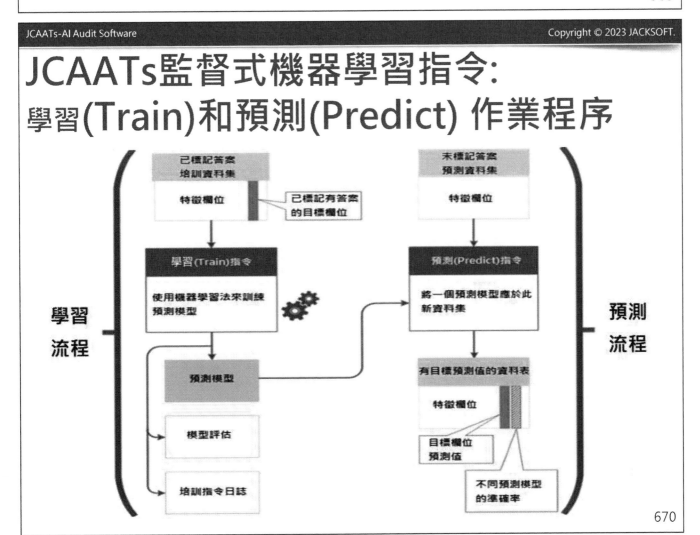

學習 TRAIN

- □ JCAATs機器學習強調「白箱程序」，使用者可自訂學習歷程，增加機器學習過程的透明度與解釋能力。
- □ 選擇學習模式: JCAATs 提供Logistic Regression、SVM、Decision Tree、Random Forest、KNN等五種學習模式。 使用者可以選擇個別學習模式進行學習或是全選各種模式都進行學習**多元分類學習**。
- □ JCAATs 機器學習可保持原來樣態，例如Y、N等，較其它系統配合機器學習運算轉成數字如0、1，容易造成使用者學習、預測結果不易解讀問題。

671

學習 TRAIN - 歷程設定介紹

- JCAATs 提供更彈性化的學習歷程設定， 讓使用者可以了解學習的歷程與更容易可以解釋學習後的成果。
- JCAATs 的學習歷程設定包含:

- ➤ **缺失值處理**: 訓練目標與訓練對象若有缺失值， 可以設定處理方式。
- ➤ **文字分類資料處理**: 包含有Label Encoder 與 One-Hot Encoder 二種方式。Label Encoder 用於資料值有排列順序，而One-Hot Encoder 用於無大小順序的資料。
- ➤ **不平衡資料**: 若訓練目標的值分類數量差異大， 稱為不平衡狀態。使用者可以選擇是否是使用SMOTE方法來降低資料不平衡造成的學習效果不佳的狀況。
- ➤ **資料分割策略**: 對訓練的資料，使用者可以自行決定學習資料與測試資料的比率。
- ➤ **進階訓練參數設定**: 其他相關機器學習的參數設定。

672

學習 TRAIN - 條件設定

- 透過彈性介面，開始進行分類的機器學習。訓練對象選 POSTED_BY(承辦人), SUPPNO(供應商), AUTH(核准人)。

單欄位選擇器 →

個別選模型 →

選擇訓練對象欄位 →

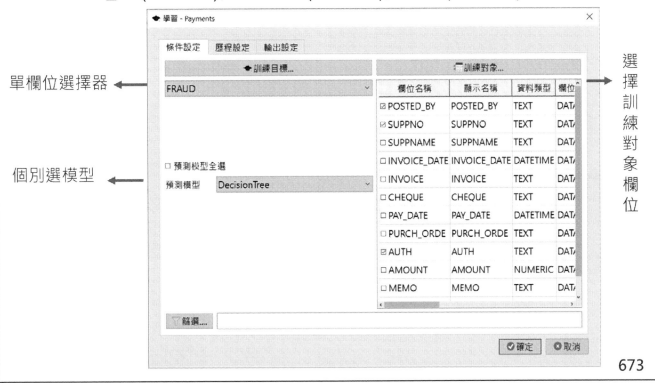

673

學習 TRAIN - 歷程設定

- 使用者可依學習資料的性質來設定機器學習歷程。

選有大小 →

勾選 →

選80/20策略 →

674

學習 TRAIN – 輸出設定

設定模型名稱

675

學習 TRAIN - 結果解讀

■ 可透過混沌矩陣(ConfusionMatric)了解模型學習成果。

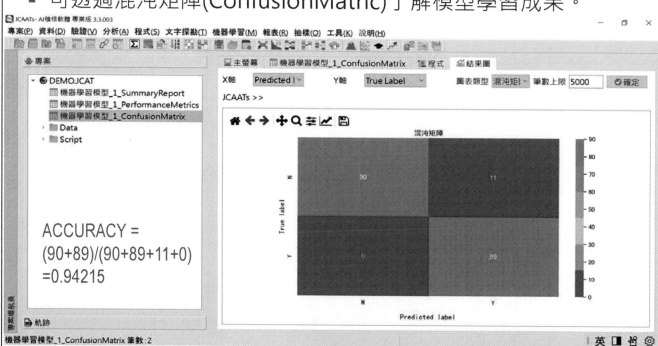

ACCURACY =
(90+89)/(90+89+11+0)
=0.94215

在機器學習的分類領域中,常使用混淆矩陣(confusion matrix)的元素加以計算準確率(accuracy)、精確率(precision)、召回率(recall)及F1-source,以判斷該模型的表現。

676

學習 TRAIN - 結果解讀

- 學習完成後會產出三張資料表：彙總報告(SummaryReport)、表現矩陣(PerformanceMatric)、混沌矩陣(ConfusionMatric)，分別列出模型評估指標及成果。

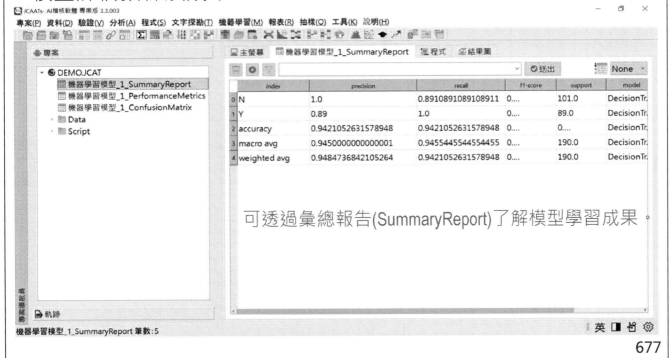

可透過彙總報告(SummaryReport)了解模型學習成果。

學習 TRAIN - 結果解讀

- 可透過表現矩陣(PerformanceMetrics)的各項評比數據了解模型學習成果。

POSTED_BY、SUPPNO、AUTH三個欄位
對此機器學習模式都有影響，以
POSTED_BY 0.5642為最重要的影響因素

學習 TRAIN – 預測模型全選

- 透過彈性介面，可以全選由系統決定哪一個機器學習演算法，此機器學習時間會較久。

單欄位選擇器 ←

全選模型 ←

全選模型才能設定 ←
　用於控制
　訓練時間 ←
　用於評估合
　適的模型 ←

選擇訓練對象欄位 →

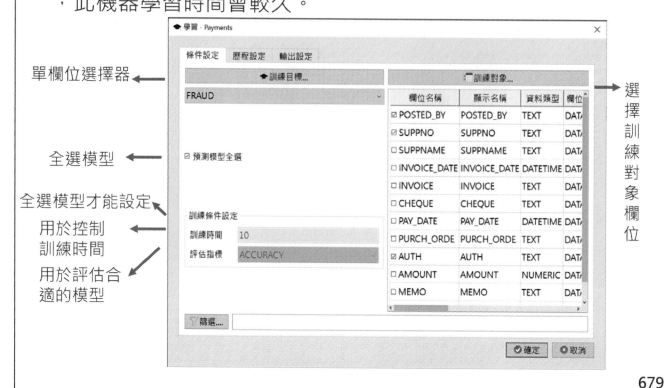

679

預測 PREDICT - 條件設定

- 透過彈性介面，開始進行預測的機器學習模型。
- 開啟Payment_New資料表進行預測。

預測模型
選擇器 ←

選擇顯示欄位 →

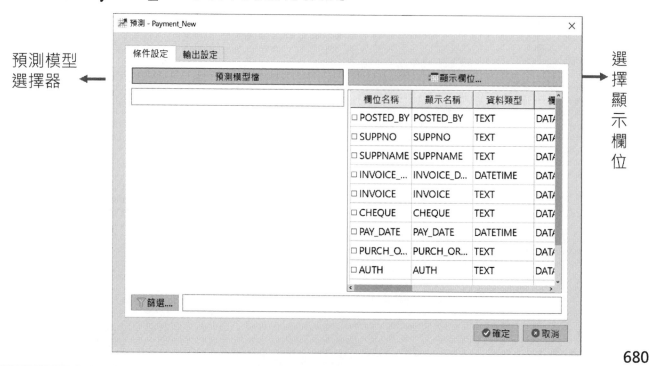

680

預測 PREDICT - 條件設定 選擇模型

- 點擊「預測模型檔」，選擇預測的機器學習模型。

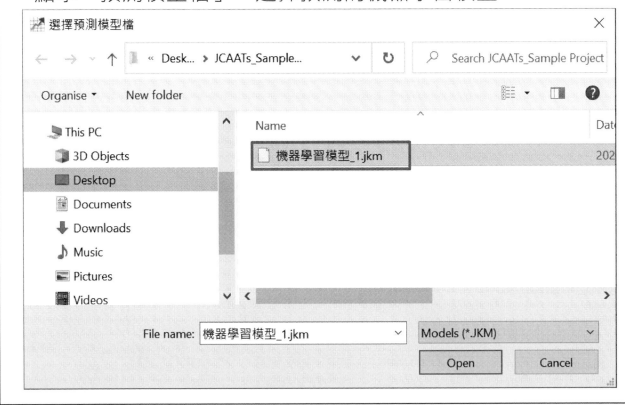

681

完成選擇模型和欄位

- 全選顯示欄位。輸出設定為資料表，名稱: 預測結果。

682

預測 PREDICT - 結果解讀

- 會得到以該模型預測之結果資料表。增加 預測結果欄位 (Predict_FRAUD)與可能性欄位(Probability)，Predict_FRAUD 欄位值Y 表示預測 "Yes", 即預測可能是舞弊。

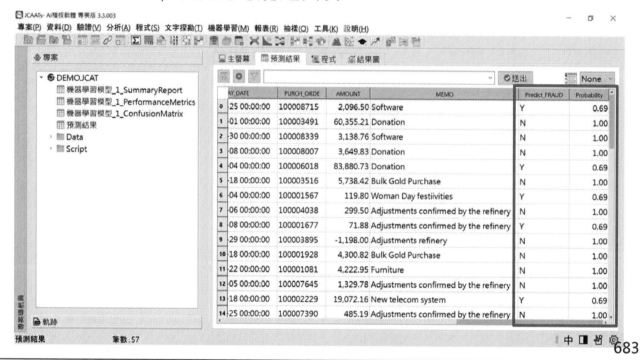

683

2.非監督式學習

684

離群 OUTLIER – 條件設定

- 透過彈性介面，開始進行離群分析。

欄位選擇器

選擇離群的
鍵值欄位

無離群鍵值
欄位時打勾

選擇中位數
或平均數

設定標準差
倍數

選擇離群
值欄位

選擇列
出欄位

685

離群 OUTLIER – 結果解讀

- 經離群分析，會帶出皆為離群值的資料表。

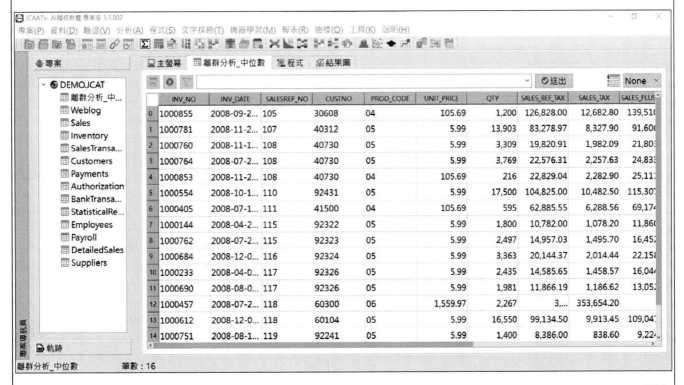

686

離群 OUTLIER – 結果解讀

- 透過對欄位執行分類(Classify)，分辨查核結果重大性。

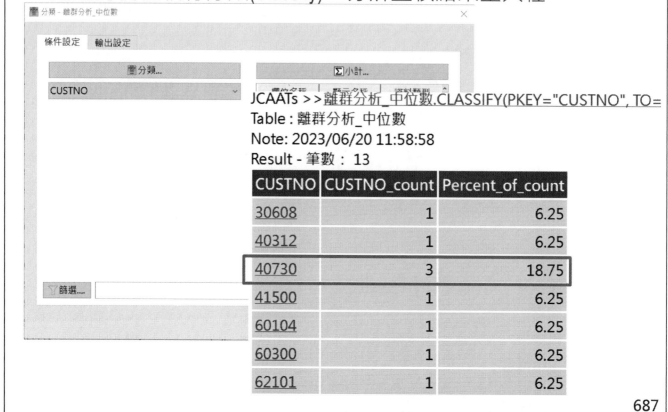

集群 CLUSTER – 條件設定

- 透過彈性介面，開始進行集群分析。

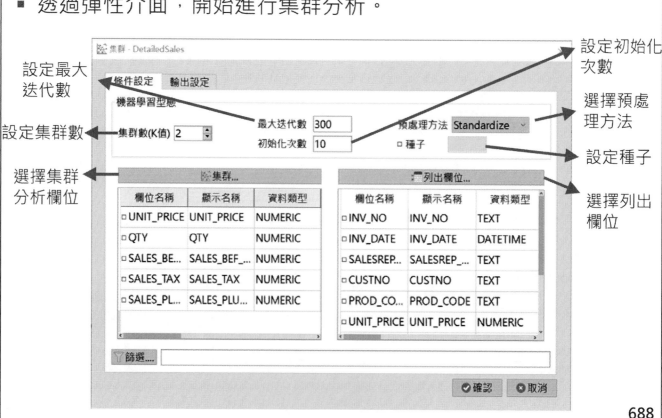

集群 CLUSTER – 結果解讀

- 經集群分析，會帶出依不同距離分群的資料表。

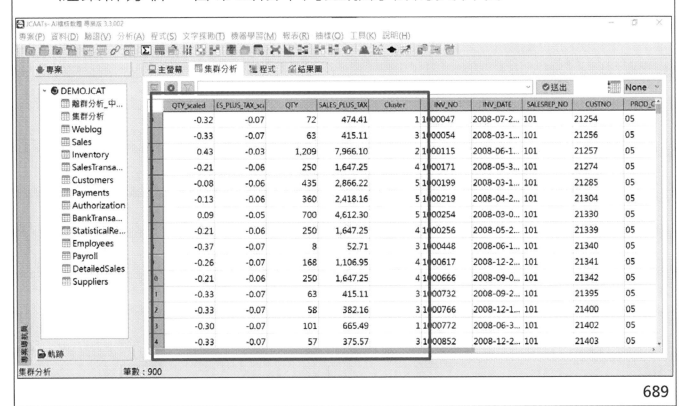

集群 CLUSTER – 結果解讀

- 使用者可透過結果圖了解集群分析結果。

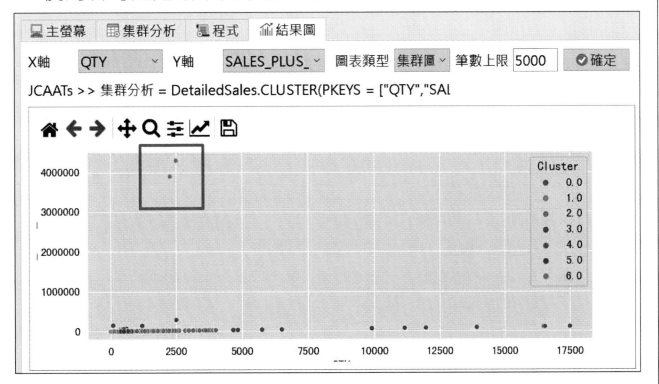

集群 CLUSTER – 結果解讀

■ 使用者也可透過分類(Classify)深度探討功能,了解各群項目。

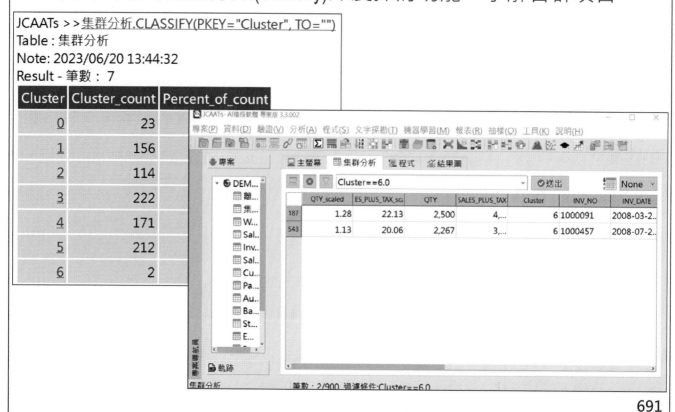

JCAATs > >集群分析.CLASSIFY(PKEY="Cluster", TO="")
Table:集群分析
Note: 2023/06/20 13:44:32
Result - 筆數:7

Cluster	Cluster_count	Percent_of_count
0	23	
1	156	
2	114	
3	222	
4	171	
5	212	
6	2	

隨堂練習

練習10.1、請對貸款資料檔(LOAN)進行監督式機器學習,學習的目標欄位(LOAN_DECISION)是否同意貸款,學習對象欄位為其他特徵欄位(可以隨意選擇其他欄位)。使用的機器學習模式為邏輯迴歸(Logistic Regression),學習路徑使用初始設定,建立知識模型:貸款_機器學習。請列出此知識模型的混沌矩陣並說明之?

練習10.2、請列出練習10.1的知識模型:貸款_機器學習,的相關學習績效指標包含Accuracy, Precision, Recall, F1等,並討論這些指標的用途與此學習效果的優劣程度?是否應使用其他預測模型再進行學習?

練習10.3、請列出練習9.1的知識模型:貸款_機器學習,相關學習績效指標表(PerformanceMetrics)內的指標Intercept的用途與此值代表的意義?指標Importance的用途與此值代表的意義?

隨堂練習

練習10.4、黃稽核想要進行貸款後違約事前稽核，來預測目前貸款資料的存在風險，請進行的步驟如下:

STEP1: 使用萃取(EXTRACT)指令將貸款(LOAN)資料表內LOAN_DECISION == "Yes"的資料成為一新資料表:同意貸款表。

STEP2: 對同意貸款表進行監督式機器學習，選擇使用決策樹(DECISION TREE)的模式。學習的目標欄位 (PS_IS_VIOLATE) 是否有違約，學習對象欄位為其他特徵欄位，學習路徑使用初始設定，建立知識模型:違約_機器學習。

請使用上述步驟來進行練習，並列出你的知識模型的混沌矩陣與學習績效指標?

隨堂練習

練習10.5、請使用知識模型:貸款_機器學習，來預測在新申請貸款戶資料檔(LOAN_NEW)內，哪些新申請資料會通過同意貸款，其筆數為何？

練習10.6、請使用知識模型:違約_機器學習，來預測在新申請貸款戶資料檔(LOAN_NEW)內，哪些資料可能會違約，其筆數為何？

練習10.7、請使用比對指令來列出在新申請貸款戶資料檔(LOAN_NEW)內預計會取得貸款且預測會違約的案件數。

練習解答
10.1、請對貸款資料檔(LOAN)進行監督式機器學習，學習的目標欄位
（LOAN_DECISION）是否同意貸款，學習對象欄位為其他特徵欄位。使用的機器學習模式為邏輯迴歸(Logistic Regression)，學習路徑使用初始設定，建立知識模型:貸款_機器學習。請列出此知識模型的混沌矩陣並說明之?

695

練習解答10.1、請對貸款資料檔(LOAN)進行監督式機器學習，學習的目標欄位
（LOAN_DECISION）是否同意貸款，學習對象欄位為其他特徵欄位。使用的機器學習模式為邏輯迴歸(Logistic Regression)，學習路徑使用初始設定，建立知識模型:貸款_機器學習。請列出此知識模型的混沌矩陣並說明之?

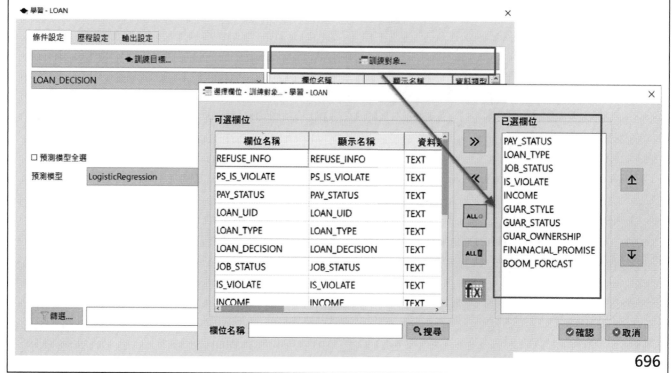

696

練習解答

10.1 、請對貸款資料檔(LOAN)進行監督式機器學習，學習的目標欄位
（LOAN_DECISION）是否同意貸款，學習對象欄位為其他特徵欄位。使用的機
器學習模式為邏輯迴歸(Logistic Regression)，學習路徑使用初始設定，建立知
識模型:貸款_機器學習。請列出此知識模型的混沌矩陣並說明之?

697

練習解答

10.1 、請對貸款資料檔(LOAN)進行監督式機器學習，學習的目標欄位
（LOAN_DECISION）是否同意貸款，學習對象欄位為其他特徵欄位。使用的機
器學習模式為邏輯迴歸(Logistic Regression)，學習路徑使用初始設定，建立知
識模型:貸款_機器學習。請列出此知識模型的混沌矩陣並說明之?

698

練習解答

10.1、請對貸款資料檔(LOAN)進行監督式機器學習,學習的目標欄位
(LOAN_DECISION)是否同意貸款,學習對象欄位為其他特徵欄位。使用的機器學習模式為邏輯迴歸(Logistic Regression),學習路徑使用初始設定,建立知識模型:貸款_機器學習。請列出此知識模型的混沌矩陣並說明之?

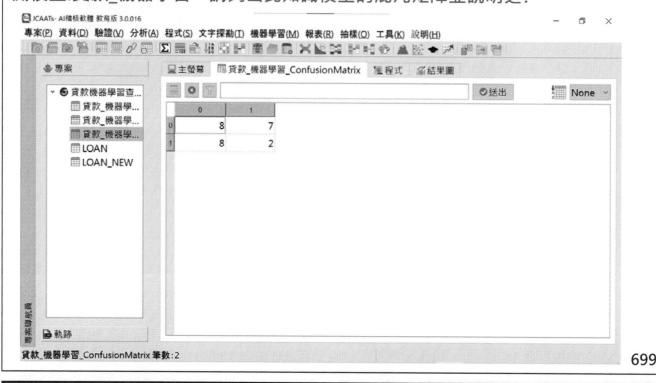

練習解答

10.1、請對貸款資料檔(LOAN)進行監督式機器學習,學習的目標欄位
(LOAN_DECISION)是否同意貸款,學習對象欄位為其他特徵欄位。使用的機器學習模式為邏輯迴歸(Logistic Regression),學習路徑使用初始設定,建立知識模型:貸款_機器學習。請列出此知識模型的混沌矩陣並說明之?

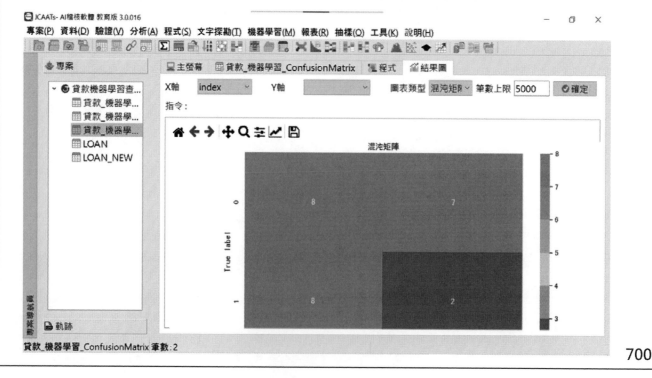

練習解答

10.2、請列出練習10.1的知識模型:貸款_機器學習,的相關學習績效指標包含Accuracy, Precision, Recall, F1等,並討論這些指標的用途與此學習效果的優劣程度?是否應使用其他預測模型再進行學習?

練習解答

10.2、請列出練習10.1的知識模型:貸款_機器學習,的相關學習績效指標包含Accuracy, Precision, Recall, F1等,並討論這些指標的用途與此學習效果的優劣程度?是否應使用其他預測模型再進行學習?

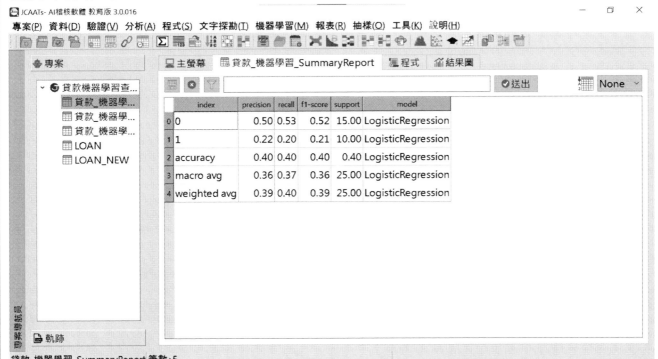

練習解答10.3、請列出練習10.1的知識模型:貸款_機器學習，相關學習績效指標表(PerformanceMetrics)內的指標Intercept的用途與此值代表的意義?指標Importance的用途與此值代表的意義?

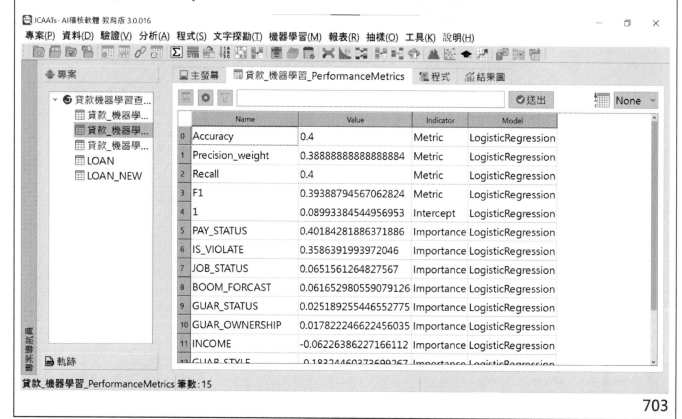

練習解答10.4、黃稽核想要進行貸款後違約事前稽核，來預測目前貸款資料的存在風險，請進行的步驟如下:
STEP1: 使用萃取(EXTRACT)指令將貸款(LOAN)資料表內 LOAN_DECISION == "Yes"的資料成為一新資料表: 同意貸款表。

練習解答10.4、黃稽核想要進行貸款後違約事前稽核,來預測目前貸款資料的存
　　　在風險,請進行的步驟如下:
　　　STEP1: 使用萃取(EXTRACT)指令將貸款(LOAN)資料表內
　　　LOAN_DECISION == "Yes"的資料成為一新資料表: 同意貸款表。

705

練習解答10.4、黃稽核想要進行貸款後違約事前稽核,來預測目前貸款資料的存
　　　在風險,請進行的步驟如下:
　　　STEP1: 使用萃取(EXTRACT)指令將貸款(LOAN)資料表內
　　　LOAN_DECISION == "Yes"的資料成為一新資料表: 同意貸款表。

706

練習解答

10.4、黃稽核想要進行貸款後違約事前稽核，來預測目前貸款資料的存在風險，請進行的步驟如下:

STEP2: 對同意貸款表進行監督式機器學習，選擇使用決策樹(DECISION TREE)的模式。學習的目標欄位（PS_IS_VIOLATE）是否有違約，學習對象欄位為其他所有欄位，學習路徑使用初始設定，建立知識模型:違約_機器學習。

練習解答

10.4、黃稽核想要進行貸款後違約事前稽核，來預測目前貸款資料的存在風險，請進行的步驟如下:

STEP2: 對同意貸款表進行監督式機器學習，選擇使用決策樹(DECISION TREE)的模式。學習的目標欄位（PS_IS_VIOLATE）是否有違約，學習對象欄位為其他所有欄位，學習路徑使用初始設定，建立知識模型:違約_機器學習。

練習解答

10.4 、黃稽核想要進行貸款後違約事前稽核,來預測目前貸款資料的存在風險,請進行的步驟如下:

STEP2: 對同意貸款表進行監督式機器學習,選擇使用決策樹(DECISION TREE)的模式。學習的目標欄位(PS_IS_VIOLATE)是否有違約,學習對象欄位為其他所有欄位,學習路徑使用初始設定,建立知識模型:違約_機器學習。

練習解答

10.4 、黃稽核想要進行貸款後違約事前稽核,來預測目前貸款資料的存在風險,請進行的步驟如下:

列出你的知識模型的混沌矩陣與學習績效指標?

index	precision	recall	f1-score	support	model
0 0	0.00	0.00	0.00	4.00	DecisionTree
1 1	0.50	0.57	0.53	7.00	DecisionTree
2 accuracy			0.36	0.36	DecisionTree
3 macro avg	0.25	0.29	0.27	11.00	DecisionTree
4 weighted avg	0.32	0.36	0.34	11.00	DecisionTree

違約_機器學習_SummaryReport 筆數:5

練習解答

10.4、黃稽核想要進行貸款後違約事前稽核,來預測目前貸款資料的存在風險,請進行的步驟如下:
列出你的知識模型的混沌矩陣與學習績效指標?

練習解答

10.4、黃稽核想要進行貸款後違約事前稽核,來預測目前貸款資料的存在風險,請進行的步驟如下:
列出你的知識模型的混沌矩陣與學習績效指標?

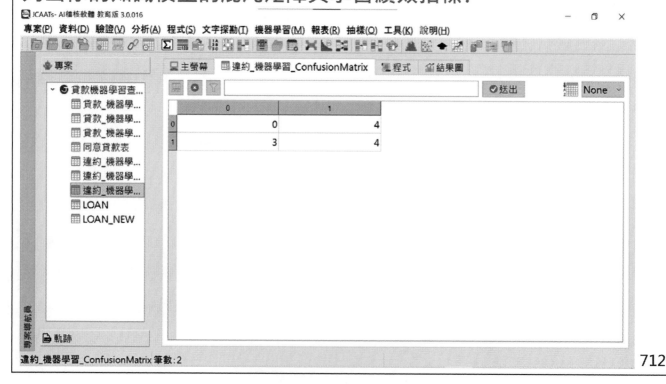

練習解答

10.4、黃稽核想要進行貸款後違約事前稽核,來預測目前貸款資料的存在風險,請進行的步驟如下:
列出你的知識模型的混沌矩陣與學習績效指標?

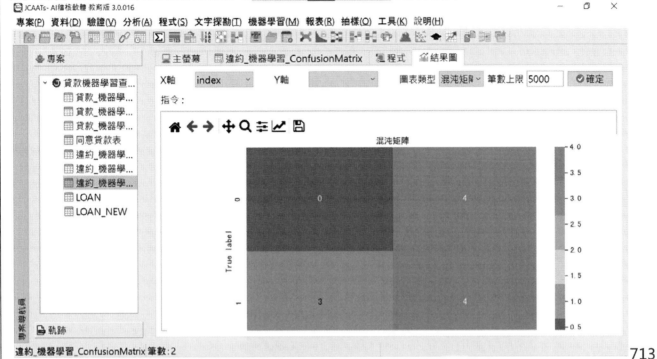

練習解答

10.5、請使用知識模型:貸款_機器學習,來預測在新申請貸款戶資料檔(LOAN_NEW)內,哪些新申請資料會通過同意貸款,其筆數為何?

練習解答

10.5、請使用知識模型:貸款_機器學習,來預測在新申請貸款戶資料檔(LOAN_NEW)內,哪些新申請資料會通過同意貸款,其筆數為何?

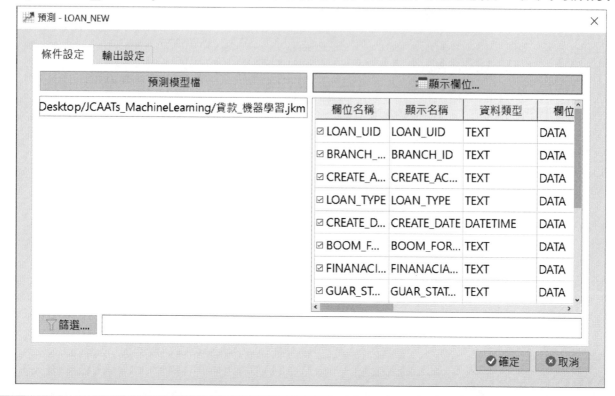

練習解答

10.5、請使用知識模型:貸款_機器學習,來預測在新申請貸款戶資料檔(LOAN_NEW)內,哪些新申請資料會通過同意貸款,其筆數為何?

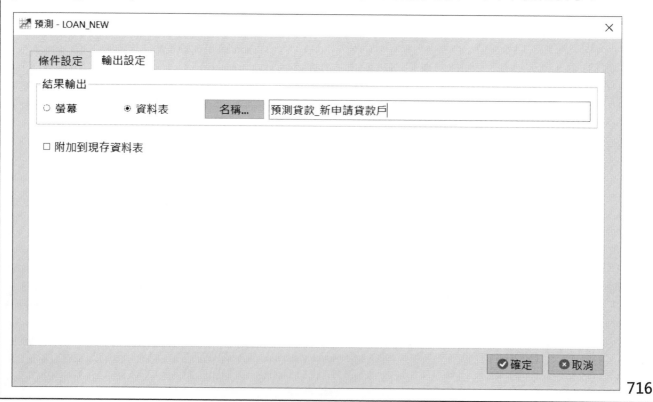

練習解答

10.5 、請使用知識模型:貸款_機器學習,來預測在新申請貸款戶資料檔(LOAN_NEW)內,哪些新申請資料會通過同意貸款,其筆數為何?

717

練習解答

10.5 、請使用知識模型:貸款_機器學習,來預測在新申請貸款戶資料檔(LOAN_NEW)內,哪些新申請資料會通過同意貸款,其筆數為何?

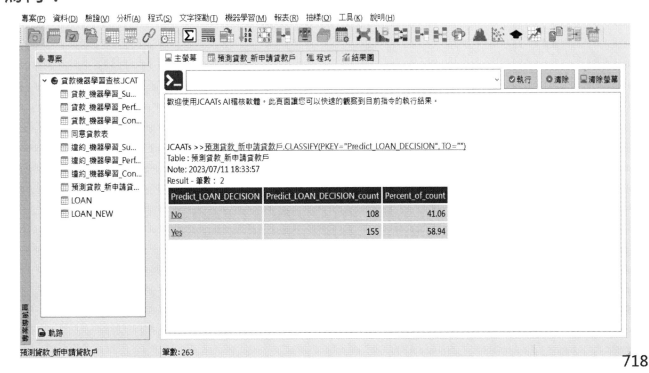

718

練習解答

10.6、請使用知識模型:違約_機器學習,來預測在新申請貸款戶資料檔(LOAN_NEW)內,哪些資料可能會違約,其筆數為何?

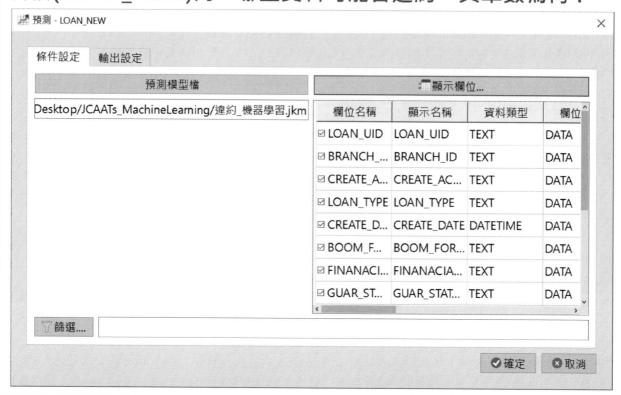

719

練習解答

10.6、請使用知識模型:違約_機器學習,來預測在新申請貸款戶資料檔(LOAN_NEW)內,哪些資料可能會違約,其筆數為何?

720

練習解答

10.6、請使用知識模型:違約_機器學習,來預測在新申請貸款戶資料檔(LOAN_NEW)內,哪些資料可能會違約,其筆數為何?

練習解答

10.6、請使用知識模型:違約_機器學習,來預測在新申請貸款戶資料檔(LOAN_NEW)內,哪些資料可能會違約,其筆數為何?

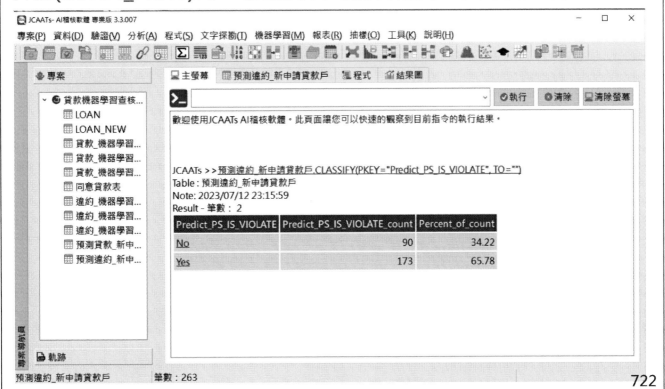

練習解答

10.7、請使用比對指令來列出在新申請貸款戶資料檔(LOAN_NEW)內預計會取得貸款且預測會違約的案件數。

練習解答

10.7、請使用比對指令來列出在新申請貸款戶資料檔(LOAN_NEW)內預計會取得貸款且預測會違約的案件數。

練習解答

10.7、請使用比對指令來列出在新申請貸款戶資料檔(LOAN_NEW)內預計會取得貸款且預測會違約的案件數。

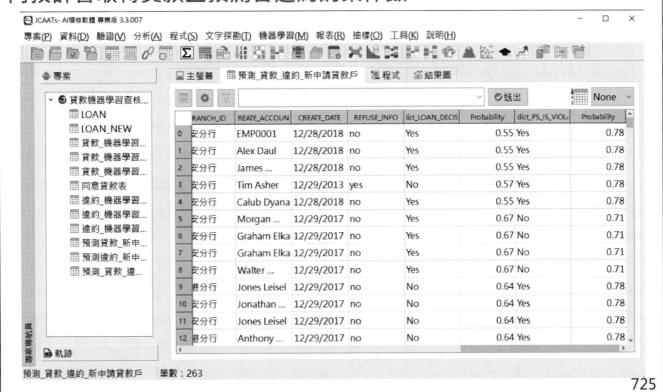

725

練習解答

10.7、請使用比對指令來列出在新申請貸款戶資料檔(LOAN_NEW)內預計會取得貸款且預測會違約的案件數。

726

練習解答
10.7、請使用比對指令來列出在新申請貸款戶資料檔(LOAN_NEW)內預計會取得貸款且預測會違約的案件數。

727

練習解答
10.7、請使用比對指令來列出在新申請貸款戶資料檔(LOAN_NEW)內預計會取得貸款且預測會違約的案件數。

728

第十一章

報表

(Report)

Python Based 人工智慧稽核軟體

AI Audit Software
人工智慧新稽核

JCAATs AI 稽核軟體
第十一章 報表(Report)

729

JCAATs 報表

- JCAATs 將重點放於資料分析，所有分析結果都能以資料表方式呈現。

- **萃取(EXTRACT):**將資料表內容聚焦於特定欄位、欄位顯示順序與欄位內容缺失值的修正等功能，產出符合使用者所需的資料報表。

- **合併(MERGE):**將多個資料表，並依據相同的欄位名稱格式存入到新資料表。

- **匯出(EXPORT):**將資料表匯出成多種常見的檔案格式，方便其他軟體使用，特別是報表編排軟體所用，編制使用者所需的報表。

- **圖表(CHART):**JCAATs提供各種圖表表示方法。

730

AI Audit Expert

1.萃取

731

萃取附加指令(Extract/Append)

- 產生新的資料表
  - 合併具有相同結構之多個資料表
  - 包含相同資訊格式

AP_Trans_January

Custno	Product	Inv_Date	Inv_Amount
01542	Printer	5-Jan-05	257.89
04723	Toner	18-Jan-05	39.99
29452	Printer	19-Jan-05	294.32
03914	Paper	25-Jan-05	15.86
46778	Scanner	30-Jan-05	125.99

Extract →

AP_Trans_February

Custno	Product	Inv_Date	Inv_Amount
04723	Paper	1-Feb-05	15.86
33397	Paper	15-Feb-05	84.33
46778	Toner	28-Feb-05	79.98

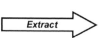

AP_Trans_March

Custno	Product	Inv_Date	Inv_Amount
01542	Flash Drive	2-Mar-05	99.99
88754	Toner	3-May-05	39.99
12679	Scanner	25-Mar-05	134.99
46778	Scanner	31-Mar-05	85.00

AP_Trans_Quarter_1

Custno	Product	Inv_Date	Inv_Amount
01542	Printer	5-Jan-05	257.89
04723	Toner	18-Jan-05	39.99
29452	Printer	19-Jan-05	294.32
03914	Paper	25-Jan-05	15.86
46778	Scanner	30-Jan-05	125.99
04723	Paper	1-Feb-05	15.86
33397	Paper	15-Feb-05	84.33
46778	Toner	28-Feb-05	79.98
01542	Flash Drive	2-Mar-05	99.99
88754	Toner	3-May-05	39.99
12679	Scanner	25-Mar-05	134.99
46778	Scanner	31-Mar-05	85.00

732

萃取 EXTRACT

- 產生子資料
- 避免運用非攸關資料在分析上
- 清除缺失值資料

- 分離資料之三種選擇
  - 篩選器　(Filters)
  - 萃取　　(Extract)
  - 淨化　　(Clean)

- 公式欄位之處裡
  - 值　(Field)：公式欄位和資料欄位均以值的方式處理，新資料的欄位將全部為資料欄位。
  - 公式 (Record)：資料欄位以值的方式處理，公式欄位以公式的方式處理，新資料表的欄位包含資料欄位和公式欄位。

733

萃取 EXTRACT

- 從現有的資料表中，使用萃取(Extract)，建置新資料表

- 只需分離出所需的紀錄與欄位

- 可加快未來的處理速度

使用萃取之兩種選擇：
- 值　(Field)
- 公式(Record)

734

萃取 EXTRACT - 條件設定

選擇匯出去的欄位

735

萃取 EXTRACT - 輸出設定

736

AI Audit Expert

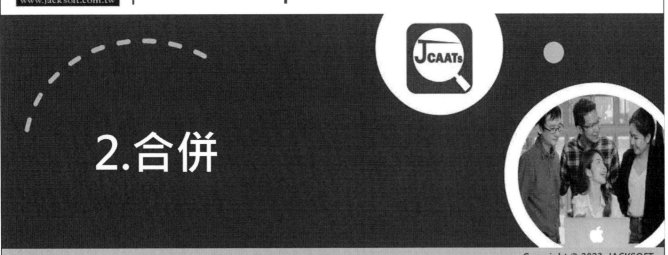

2.合併

737

合併 Merge

- 產生新的資料表
  - 合併具有相同結構之多個資料表。
  - 指定一主表為起始表。
  - 包含相同資訊格式

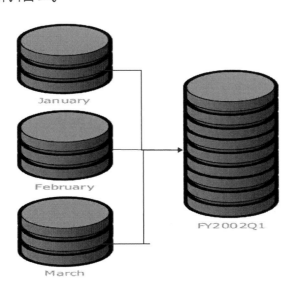

738

合併 Merge - 條件設定

要合併的表格名稱

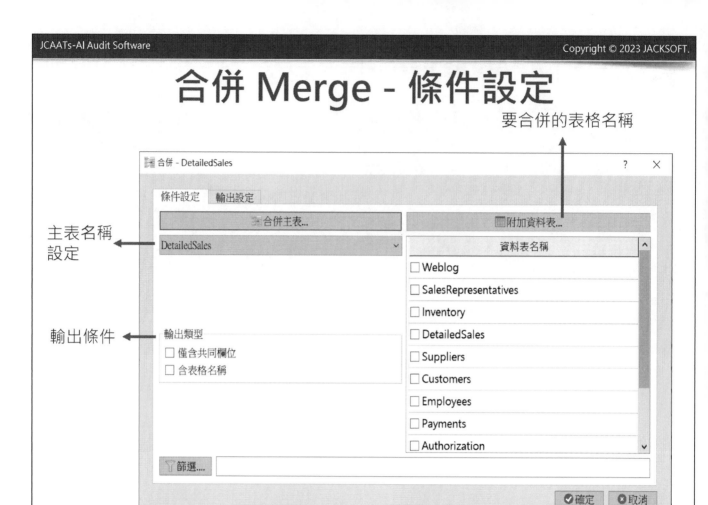

主表名稱設定

輸出條件

739

合併 Merge - 輸出設定

合併資料表名稱和路徑

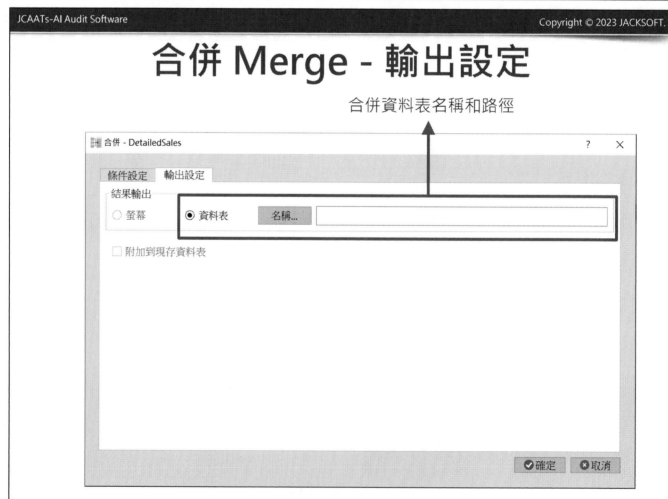

740

 | AI Audit Expert

3.匯出

Copyright © 2023 JACKSOFT.

741

匯出 Export

- 使用JCAATS來作為資料轉換工具

- 匯出的資料不管是資料欄位(Data)或是公式欄位(COMPUTED)均以值匯出

- 方便其他軟體可讀取的檔案

- 匯出資料至:
  - CSV(*.csv)
  - Excel(*.xlsx)
  - ODS(*.ods)
  - JSON(*.json)
  - Text(*.txt)
  - XML(*.xml)

742

匯出 Export - 條件設定

匯出的欄位

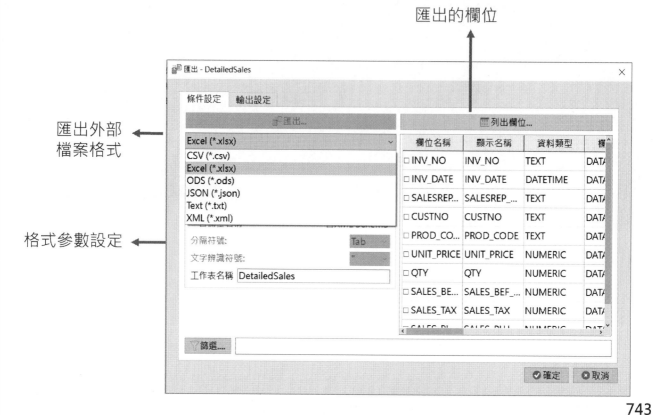

匯出外部檔案格式

格式參數設定

匯出 Export - 輸出設定

輸出檔案名稱與路徑

匯出 Export

- 資料表匯出成外部檔案，以Excel(.xlsx)為例。

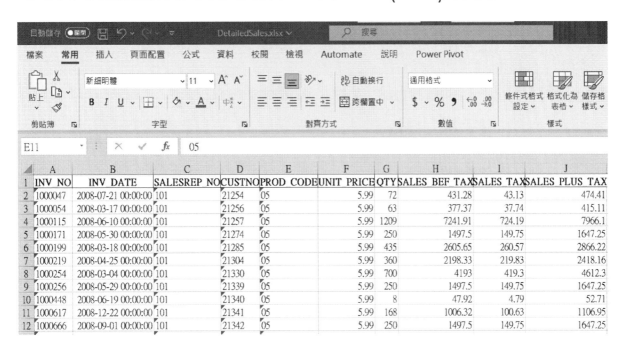

jacksoft | AI Audit Expert

4.圖表

圖表 CHART

- JCAATs提供各種圖表表示方法
- 一維：圓餅圖、甜甜圈圖、樹狀圖
- 二維：直條圖、橫條圖、散點圖、箱形圖
- 三維：泡泡圖

圖表 CHART - 條件設定

- 報表>>圖表。在條件設定頁面設定圖表條件。

當前資料表

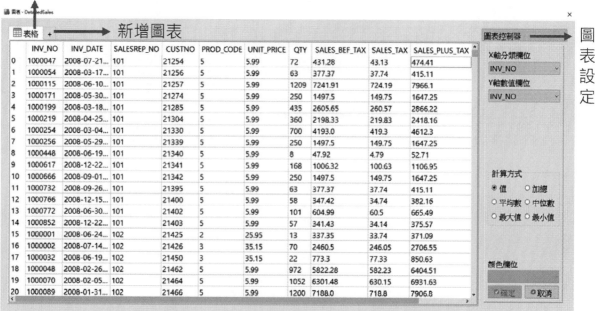

圖表 CHART - 條件設定

■ 點擊+號>>新增圖表

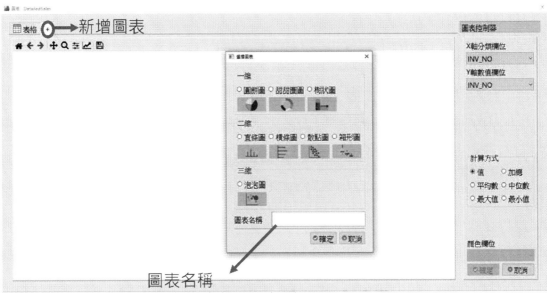

圖表名稱
(空白則會使用預設值Chart_...)

圖表 CHART - 條件設定

■ 點擊+號>>新增圖表>>輸入圖表名稱

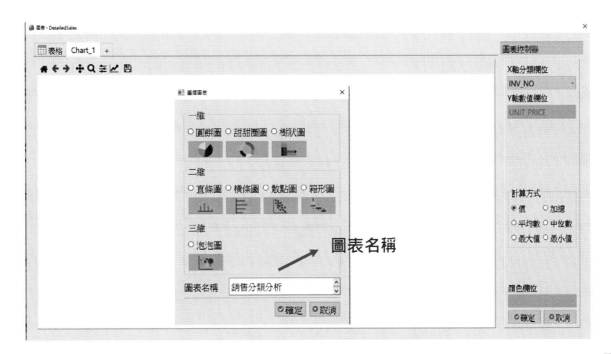

圖表 CHART - 條件設定

- X軸分類欄位：選擇要當X軸的資料
- Y軸數值欄位：選擇要當Y軸的資料
- 計算方式

值：欄位資料的分組數量
加總：Y軸數字欄位的分組總和

平均數：Y軸數字欄位的分組平均數
中位數：Y軸數字欄位的分組中位數
最大值：Y軸數字欄位的分組最大值
最小值：Y軸數字欄位的分組最小值

顏色欄位：添加另外一個數據做分析

751

圖表 CHART – 結果解讀

- 未使用顏色欄位
- 使用顏色欄位

752

隨堂練習

練習11.1、黃稽核想要分析第一季銷售金額資料，他目前有每個月的銷售資料， 請使用合併指令將這三個檔案合併成一個檔案?

練習11.2、請使用匯出指令將第一季銷售金額資料每筆金額大於10000匯出成一個EXCEL檔。

練習解答

11.1、黃稽核想要分析第一季銷售金額資料，他目前有每個月的銷售資料， 請使用合併指令將這三個檔案合併成一個檔案?

練習解答

11.1、黃稽核想要分析第一季銷售金額資料,他目前有每個月的銷售資料, 請使用合併指令將這三個檔案合併成一個檔案?

練習解答

11.1、黃稽核想要分析第一季銷售金額資料,他目前有每個月的銷售資料, 請使用合併指令將這三個檔案合併成一個檔案?

練習解答
11.2、請使用匯出指令將第一季銷售金額資料每筆金額大於10000 匯出成一個EXCEL檔。

練習解答
11.2、請使用匯出指令將第一季銷售金額資料每筆金額大於10000 匯出成一個EXCEL檔。

練習解答

11.2、請使用匯出指令將第一季銷售金額資料每筆金額大於10000匯出成一個EXCEL檔。

練習解答

11.2、請使用匯出指令將第一季銷售金額資料每筆金額大於10000匯出成一個EXCEL檔。

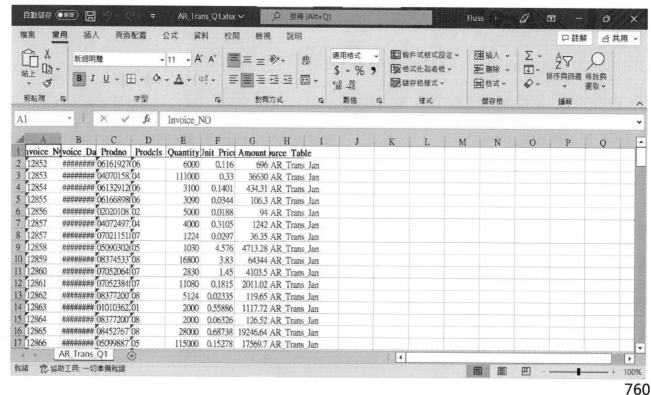

第十二章

抽樣

(Sampling)

Python Based 人工智慧稽核軟體

AI Audit Software
人工智慧新稽核

JCAATs AI 稽核軟體
第十二章 抽樣(Sampling)

761

審計抽樣:

JCAATs提供三種常用於審計抽樣的方法:

- **隨機抽樣**:從母體N個單位中隨機地抽取n個單位作為樣本,使得每一個容量為樣本都有相同的機率被抽中。
- **屬性抽樣**:根據控制測試的目標和特點所採用的審計抽樣,目的在於估計總體既定控制的偏差率或偏差次數。
- **元單位抽樣**:亦稱為貨幣單位抽樣法,將審計對象總體的單元貨幣單位定義為抽樣單位,並根據抽出的貨幣單位勾出其所對應的資料作為審計樣本。

762

1.隨機抽樣

763

隨機抽樣 Random Sampling-條件設定

- 抽樣>>隨機抽樣。在條件設定頁面輸入抽樣條件。

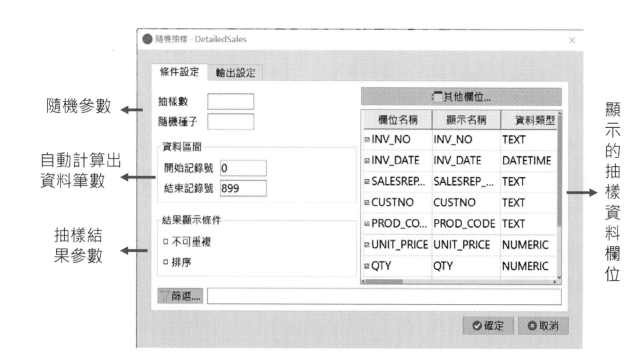

隨機參數 ←
自動計算出資料筆數 ←
抽樣結果參數 ←

顯示的抽樣資料欄位 →

764

隨機抽樣 Random Sampling-條件介紹

- 抽樣數：最多可以抽出幾筆資料 ※必填
- 隨機種子：預設為空，表示在相同抽樣數下，抽出來的結果全為隨機。輸入正整數後，在相同數字下就會出現相同的抽樣結果。

- 資料區間：控制所需要抽取的資料範圍
- 資料區間 - 最小值：預設為 0 即第一筆
- 資料區間 - 最大值：預設為最後一筆資料

- 不可重複：勾選後會將相同資料去除保留一項後再抽樣。
- 排序：勾選後會依照原來資料的順序從上到下排列。
- 篩選：可輸入條件過濾資料。
- 其他欄位：預設全部欄位，可自行調整輸出結果欄位。

765

隨機抽樣 Random Sampling-條件設定

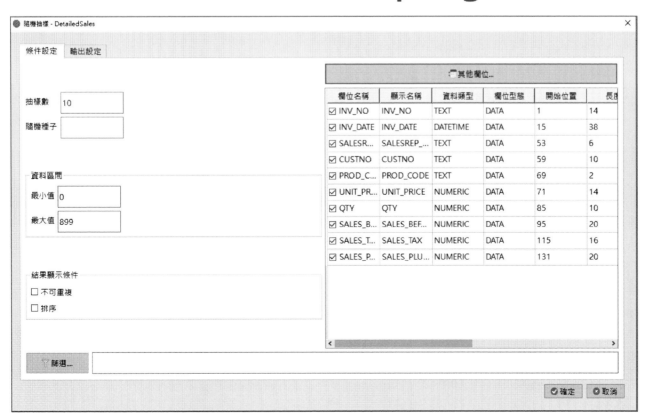

766

隨機抽樣 Random Sampling-輸出設定

- 抽樣>>隨機抽樣。在輸出設定頁面選擇輸出方式。

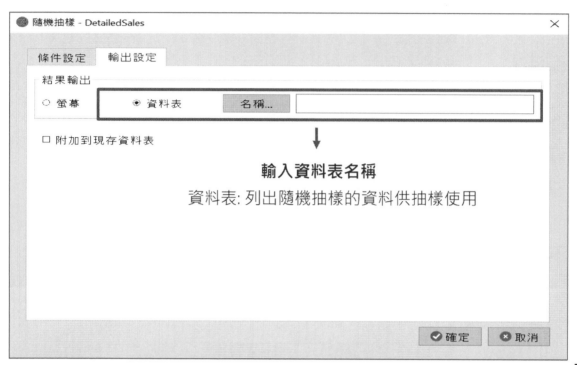

隨機抽樣 Random Sampling-結果解讀

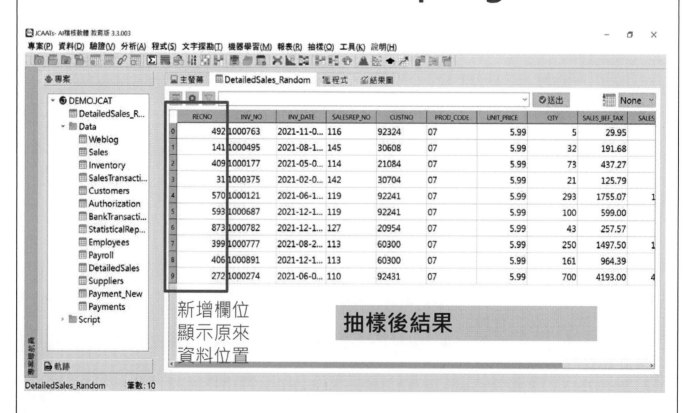

| AI Audit Expert

2.屬性抽樣

Copyright © 2023 JACKSOFT.

769

JCAATs-AI Audit Software

Copyright © 2023 JACKSOFT.

屬性抽樣 Attribute Sampling – 條件設定

- 抽樣>>屬性抽樣。在條件設定頁面輸入抽樣條件。

770

屬性抽樣 Attribute Sampling - 條件介紹

- 母體筆數：預設為該資料表的資料數量
- 信賴水準：進行 100 次約有 95 次是成立的
- 可容忍誤差：總體中可以接受的最大錯誤數量
- 預期母體誤差：總體中的預期錯誤數量
- 抽樣計算：可根據上述結果計算出需多少樣本量，也可手動填入需要多少樣本※必填

屬性抽樣 Attribute Sampling - 條件介紹

- 等間隔抽樣：每隔一段距離抽出一筆資料
- 間隔距離：設定每多少筆資料抽出一筆

- 分層抽樣：在該欄底下依資料分組抽出相同數量

- 開始位子：從資料的第幾筆開始進行抽樣
- 隨機種子：預設為空，表示在相同抽樣數下，抽出來的結果全為隨機。輸入正整數後，在相同數字下就會出現相同的抽樣結果。

- 篩選：可輸入條件過濾資料。
- 其他欄位：預設全部欄位，可自行調整輸出結果欄位。

屬性抽樣 Attribute Sampling – 輸出設定

- 抽樣>>屬性抽樣。在輸出設定頁面選擇輸出方式。

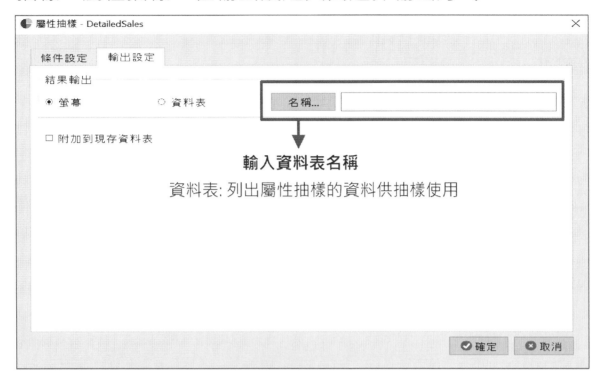

773

屬性抽樣 Attribute Sampling – 結果解讀

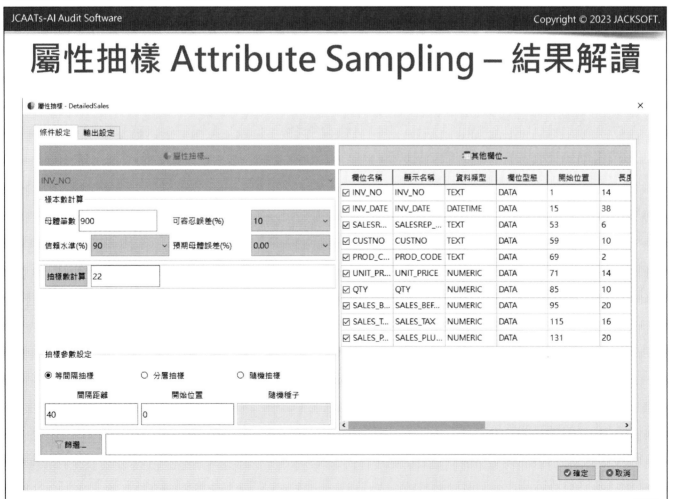

774

屬性抽樣 Attribute Sampling – 結果解讀

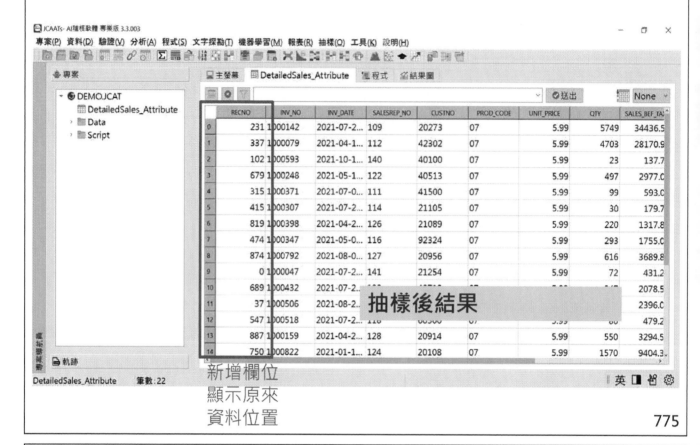

	RECNO	INV_NO	INV_DATE	SALESREP_NO	CUSTNO	PROD_CODE	UNIT_PRICE	QTY	SALES_BEF_TA
0	231 1000142	2021-07-2...	109	20273	07	5.99	5749	34436.5
1	337 1000079	2021-04-1...	112	42302	07	5.99	4703	28170.9
2	102 1000593	2021-10-1...	140	40100	07	5.99	23	137.7
3	679 1000248	2021-05-1...	122	40513	07	5.99	497	2977.0
4	315 1000371	2021-07-0...	111	41500	07	5.99	99	593.0
5	415 1000307	2021-07-2...	114	21105	07	5.99	30	179.7
6	819 1000398	2021-04-2...	126	21089	07	5.99	220	1317.8
7	474 1000347	2021-05-0...	116	92324	07	5.99	293	1755.0
8	874 1000792	2021-08-0...	127	20956	07	5.99	616	3689.8
9	0 1000047	2021-07-2...	141	21254	07	5.99	72	431.2
10	689 1000432	2021-07-2...						2078.5
11	37 1000506	2021-08-2...			抽樣後結果				2396.0
12	547 1000518	2021-07-2...	118	00500	07	5.99	60	479.2
13	887 1000159	2021-04-2...	128	20914	07	5.99	550	3294.5
14	750 1000822	2021-01-1...	124	20108	07	5.99	1570	9404.3

新增欄位
顯示原來
資料位置

DetailedSales_Attribute　　筆數：22

775

3.元單位抽樣

776

元單位抽樣 Monetary Sampling - 條件設定

- 抽樣>>元單位抽樣。在條件設定頁面輸入抽樣條件。

自動計算出
資料筆數 ◀

自動計算出
樣本數 ◀

抽樣結
果參數 ◀

顯示的抽樣資料欄位 ▶

777

元單位抽樣 Monetary Sampling - 條件介紹

- 母體筆數：帳面價值
- 信賴水準：進行 100 次約有 95 次是成立的
- 可容忍誤差：總體中可以接受的最大錯誤金額
- 預期母體誤差：總體中的預期錯誤金額
- 抽樣計算：可根據上述結果計算出需多少樣本量，也可手動填入需要多少樣本※必填 此練習需手動填入5

778

元單位抽樣 Monetary Sampling - 條件介紹

- 等間隔抽樣：每隔多少金額抽出一筆資料
  間隔距離：設定每金額抽出一筆

- 分層抽樣：在該欄底下依資料分組抽出相同數量

- 開始位子：從資料的第幾筆開始進行抽樣
- 隨機種子：預設為空，表示在相同抽樣數下，抽出來的結果全為隨機。輸入正整數後，在相同數字下就會出現相同的抽樣結果。

- 篩選：可輸入條件過濾資料。
- 其他欄位：預設全部欄位，可自行調整輸出結果欄位。

元單位抽樣 Monetary Sampling - 輸出設定

- 抽樣>>元單位。在輸出設定頁面選擇輸出方式。

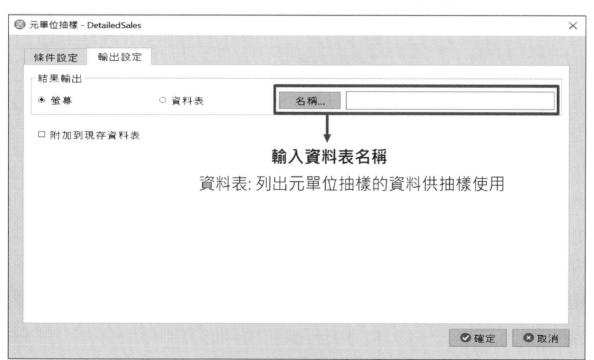

輸入資料表名稱

資料表: 列出元單位抽樣的資料供抽樣使用

元單位抽樣 Monetary Sampling – 結果解讀

元單位抽樣 Monetary Sampling – 結果解讀

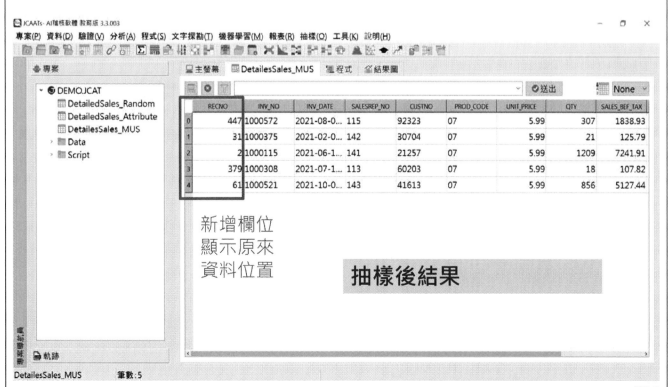

新增欄位
顯示原來
資料位置

抽樣後結果

隨堂練習

練習12.1、黃稽核正進行應收帳款年度查帳。她現在您欲進行屬
性抽樣，以利後續寄發函證信。假設在95%的信賴區間
下，可容忍誤差2%，採用隨機抽樣模式進行抽樣，請
問樣本數應為多少？

練習12.2、黃稽核正進行應收帳款年度查帳。她現在您欲進行隨
機抽樣5筆，以利後續深入分析。請列出此5筆資料？

練習解答

12.1、黃稽核正進行應收帳款年度查帳。她現在您欲進行屬性抽樣，以
利後續寄發函證信。假設在95%的信賴區間下，可容忍誤差2%，採用隨
機抽樣模式進行抽樣，請問樣本數應為多少？

練習解答

12.1、黃稽核正進行應收帳款年度查帳。她現在您欲進行屬性抽樣,以利後續寄發函證信。假設在95%的信賴區間下,可容忍誤差2%,採用隨機抽樣模式進行抽樣,請問樣本數應為多少?

練習解答

12.1、黃稽核正進行應收帳款年度查帳。她現在您欲進行屬性抽樣,以利後續寄發函證信。假設在95%的信賴區間下,可容忍誤差2%,採用隨機抽樣模式進行抽樣,請問樣本數應為多少?

練習解答

12.2、黃稽核正進行應收帳款年度查帳。她現在您欲進行隨機抽樣5筆，以利後續深入分析。請列出此5筆資料？

787

練習解答

12.2、黃稽核正進行應收帳款年度查帳。她現在您欲進行隨機抽樣5筆，以利後續深入分析。請列出此5筆資料？

788

第十三章

工具

(Tool)

Python Based 人工智慧稽核軟體

AI Audit Software
人工智慧新稽核

Copyright © 2023 JACKSOFT.

JCAATs AI 稽核軟體
第十三章 工具(Tool)

789

Copyright © 2023 JACKSOFT.

JCAATs 提供的輔助工具

- **字典管理**：提供可以上傳修改現有文字探勘功能所需要的自訂字典功能。

- **變數管理**：提供可以新增、修改、顯示目前JCAATs專案的變數。變數區分為系統(SYSTEM)變數，由指令執行自動產生；使用者(USER)變數，由使用者自訂。

- **索引管理**：提供管理各資料表透過索引(INDEX)指令產出的索引，可以列出清單與刪除等。

790

1.字典管理

Copyright © 2023 JACKSOFT.

791

JCAATs-AI Audit Software

Copyright © 2023 JACKSOFT.

字典管理

- 勾選要處理的字典,以利文字探勘的進行
- 可以點選瀏覽查看目前字典內容
- 可選擇不變、初始值、或上傳新檔,按下處理來變更字典

字典管理	? ×

字典資訊

字典檔位置: C:/JCAATs/dict

字典檔日期: 09/02/2022, 09:06:44   停用詞日期: 09/02/2022, 09:06:44

正向詞日期: 09/02/2022, 09:06:44   負向詞日期: 09/02/2022, 09:06:44

字典管理

☑ 字典檔　[瀏覽]　● 不變　○ 初始值　○ 上傳新檔　[選取檔案...]

☑ 停用詞　[瀏覽]　● 不變　○ 初始值　○ 上傳新檔　[選取檔案...]

☑ 正向詞　[瀏覽]　● 不變　○ 初始值　○ 上傳新檔　[選取檔案...]

☐ 負向詞　[瀏覽]　● 不變　○ 初始值　○ 上傳新檔　[選取檔案...]

[✔ 處理]　[✖ 取消]

792

2.變數管理

793

變數管理

> JCAATs 變數分為系統變數與自訂變數。系統變數為指令執行後自動產出，不可以修改名稱與刪除；自訂變數為使用者自行設定可以刪除與修改。
> 變數可以使用於篩選條件、公式欄位或是 程式(Script) 中。

794

新增變數範例

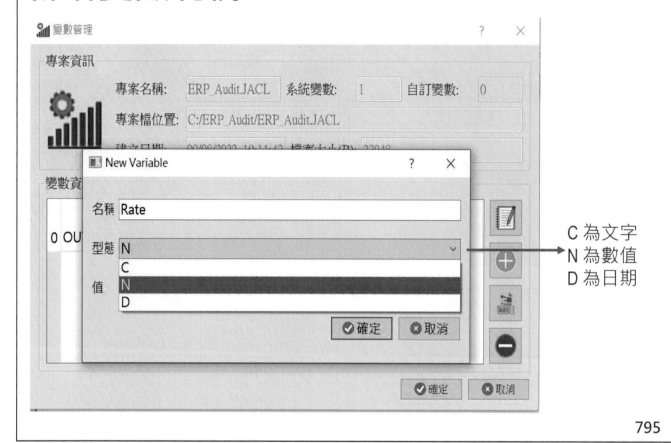

C 為文字
N 為數值
D 為日期

新增變數後結果顯示

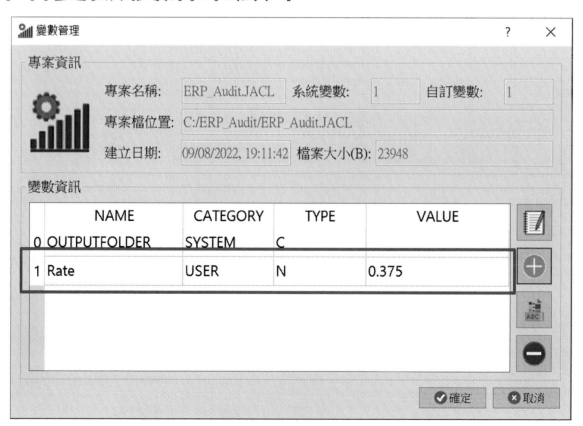

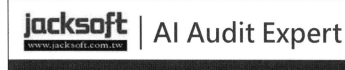

3.索引管理

JCAATs-AI Audit Software   Copyright © 2023 JACKSOFT.

索引管理

提供管理各資料表透過索引(INDEX)指令產出的索引,可以
列出清單與刪除等。

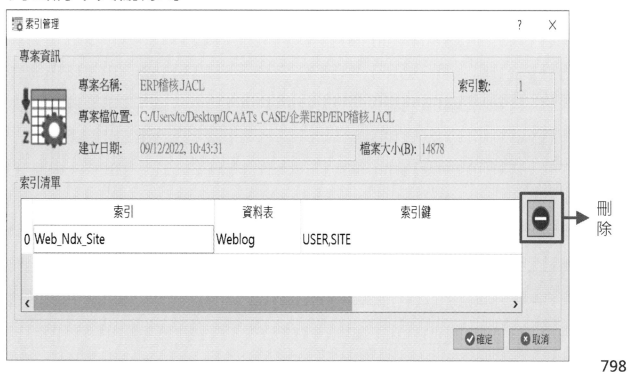

798

隨堂練習

練習13.1、 黃稽核本次查核想要建立一個門檻值變數最低金額= 10000，請練習使用變數工具來建立此變數與存入值。

練習13.2、請列出銷售金額大於最低金額變數的資料，計多少筆?

JCAATs 學習筆記：

_____

_____

_____

_____

_____

_____

_____

_____

練習解答

13.1、黃稽核本次查核想要建立一個門檻值變數 最低金額= 10000
請練習使用變數工具來建立此變數與存入值。

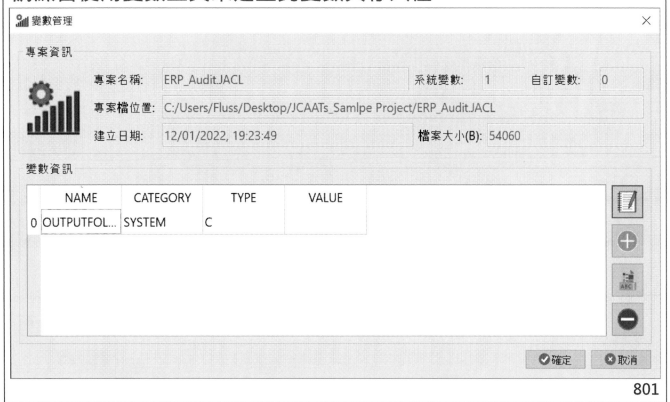

練習解答

13.1 、黃稽核本次查核想要建立一個門檻值變數 最低金額=10000
請練習使用變數工具來建立此變數與存入值。

練習解答

13.1 、黃稽核本次查核想要建立一個門檻值變數 最低金額=10000 請練習使用變數工具來建立此變數與存入值。

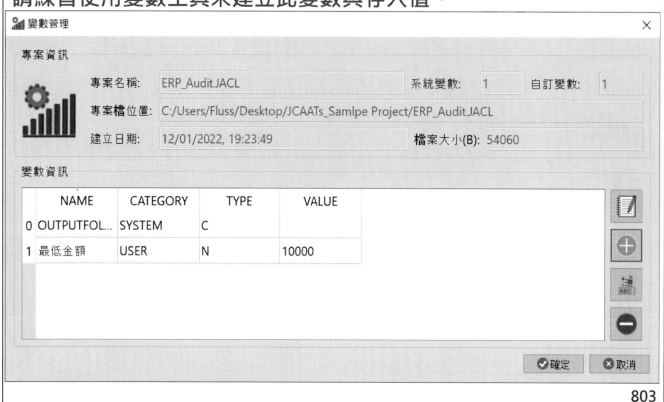

練習解答

13.1 、黃稽核本次查核想要建立一個門檻值變數 最低金額=10000 請練習使用變數工具來建立此變數與存入值。

練習解答

13.2、請列出銷售金額大於最低金額變數的資料,計多少筆?

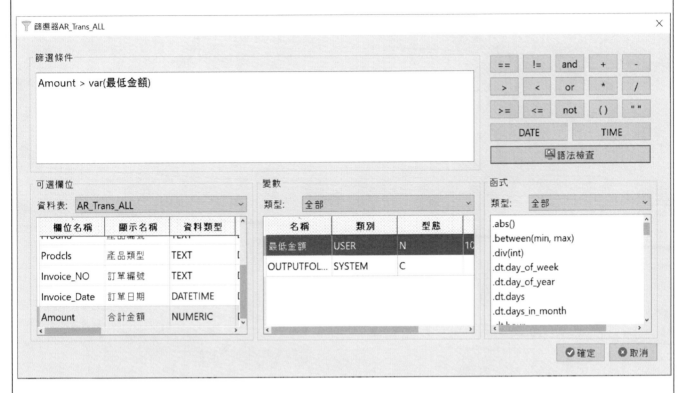

練習解答

13.2 、請列出銷售金額大於最低金額變數的資料,計多少筆?

JCAATs 學習筆記：

JCAATs 學習筆記

附錄 A 參考文獻

1. 黃士銘，2022，ACL 資料分析與電腦稽核教戰手冊(第八版)，全華圖書股份有限公司出版，ISBN 9786263281691

2. 黃士銘、嚴紀中、阮金聲等著(2013)，電腦稽核－理論與實務應用(第二版)，全華科技圖書股份有限公司出版。

3. 黃士銘、黃秀鳳、周玲儀，2013，海量資料時代，稽核資料倉儲建立與應用新挑戰，會計研究月刊，第 337 期，124-129 頁。

4. 黃士銘、周玲儀、黃秀鳳，2013，"稽核自動化的發展趨勢"，會計研究月刊，第 326 期。

5. 黃秀鳳，2011，JOIN 資料比對分析-查核未授權之假交易分析活動報導，稽核自動化第 013 期，ISSN:2075-0315。

6. 2020，財經新報，疫情衝擊財報公告，金管會：會計師可採替代方案
   https://finance.technews.tw/2020/02/26/accountants-can-use-alternatives-for-auditing-financial-statements/

7. 2020，鉅亨網，疫情難平 會計師若無法赴陸審計 金管會准許視訊查核年報
   https://news.cnyes.com/news/id/4446011

8. 2022，Yahoo!新聞，【全文】假帳曝光！康友 KY 害投資人損失 47 億 勤業眾信遭法院裁定假扣押
   https://tw.news.yahoo.com/news/%E5%85%A8%E6%96%87-%E5%81%87%E5%B8%B3%E6%9B%9D%E5%85%89-%E5%BA%B7%E5%8F%8Bky%E5%AE%B3%E6%8A%95%E8%B3%87%E4%BA%BA%E6%90%8D%E5%A4%B147%E5%84%84-%E5%8B%A4%E6%A5%AD%E7%9C%BE%E4%BF%A1%E9%81%AD%E6%B3%95%E9%99%A2%E8%A3%81%E5%AE%9A%E5%81%87%E6%89%A3%E6%8A%BC-215859185.html

9. 2021，Galvanize，Death of the tick mark
   https://www.wegalvanize.com/assets/ebook-death-of-tickmark.pdf

10. 2022，CAATs (Computer Assisted Audit Techniques) Training Courses
    https://www.icaea.net/English/Training/CAATs_Courses_Free_JCAATs.php

11. 2019，AICPA
    https://us.aicpa.org/content/dam/aicpa/interestareas/frc/assuranceadvisoryservices/downloadabledocuments/ads-instructional-paper-python.pdf

12. AICPA，Audit Data Standards
    https://us.aicpa.org/interestareas/frc/assuranceadvisoryservices/auditdatastandards

13. 2016 年，數位時代，不只有超跑！杜拜警方導入機器學習犯罪預測系統
    https://www.bnext.com.tw/article/42513/dubai-police-crime-prediction-software

14. 2018 年，匯流新聞網， 犯罪時間地點 AI 都可「預測」？美國超過 50 個警察部門已開始應用
    https://cnews.com.tw/002181030a06/

15. 2021 年 IIA 稽核軟體調查報告 (資料來源:Internal Audit Department of Tomorrow, IIA , Phil Leifermann, Shagen Ganason)

16. 企業管理新思維--穿越危機而永續發展 (資料來源: David Denyer, Cranfield University)

17. 2023，U.S. DEPARTMENT OF THE TREASURY，OPEN DATA 資料匯入-美國財政部 SDN 制裁名單
    https://home.treasury.gov/policy-issues/financial-sanctions/specially-designated-nationals-and-blocked-persons-list-sdn-human-readable-lists

18. 政府電子採購網，OPEN DATA 資料匯入-政府採購網公告拒往名單
    https://web.pcc.gov.tw/pis/prac/downloadGroupClient/readDownloadGroupClient?id=50003004

附錄 B 其他學習資源

作者簡介

黃秀鳳 Sherry

現　　任

傑克商業自動化股份有限公司 總經理

ICAEA 國際電腦稽核教育協會 台灣分會 會長

台灣研發經理管理人協會 秘書長

專業認證

國際 ERP 電腦稽核師(CEAP)

國際鑑識會計稽核師(CFAP)

國際內部稽核師(CIA) 全國第三名

中華民國內部稽核師

國際內控自評師(CCSA)

ISO 14067:2018 碳足跡標準主導稽核員

ISO27001 資訊安全主導稽核員

ICEAE 國際電腦稽核教育協會認證講師

ACL Certified Trainer

ACL 稽核分析師(ACDA)

學　　歷

大同大學事業經營研究所碩士

主要經歷

超過 500 家企業電腦稽核或資訊專案導入經驗

中華民國內部稽核協會常務理事/專業發展委員會 主任委員

傑克公司 副總經理/專案經理

耐斯集團子公司 會計處長

光寶集團子公司 稽核副理

安侯建業會計師事務所 高等審計員

國家圖書館出版品預行編目(CIP)資料

資料分析與智能稽核 = JCAATs-data analysis and
smart audit / 黃秀鳳作. -- 1 版. -- 臺北市 :
傑克商業自動化股份有限公司, 2023.02
    面 ;   公分
ISBN 978-986-98959-9-6(平裝)

1.CST: 電腦軟體 2.CST: 稽核 3.CST: 資料探
勘

312.49   112000886

資料分析與智能稽核

作者 / 黃秀鳳

發行人 / 黃秀鳳

出版機關 / 傑克商業自動化股份有限公司

地址 / 台北市大同區長安西路 180 號 3 樓之 2

電話 / (02)2555-7886

網址 / www.jacksoft.com.tw

出版年月 / 2023 年 02 月

版次 / 1 版

ISBN / 978-986-98959-9-6